MISTERIOS A LA LUZ DE LA CIENCIA

MISTERIOS A LA LUZ DE LA CIENCIA

Autores:

Eduardo Angulo Pinedo
Félix M. Goñi
Juan Ignacio Pérez Iglesias
Jon Sáenz
Agustín Sánchez Lavega
Mauricio-José Schwarz Huerta

Editor:

Luis Alfonso Gámez

Universidad del País Vasco   Euskal Herriko Unibertsitatea

CIP. Biblioteca Universitaria

    Misterios a la luz de la ciencia / autores, Eduardo Angulo Pinedo ... [et al.] ; editor, Luis
Alfonso Gámez. – [Leioa] : Universidad del País Vasco/Euskal Herriko Unibertsitatea, Argitalpen
Zerbitzua = Servicio Editorial, D.L. 2024. – 226 p. : il. ; 24 cm

    Recoge las charlas de la Jornada "Misterios, a la luz de la ciencia" organizada por la
Universidad del País Vasco/Euskal Herriko Unibertsitatea, el diario El Correo, el Círculo
Escéptico y el Center for Inquiry, dentro de la Semana Europea de la Ciencia y la Tecnología
(Bilbao, noviembre 2006).
    Incluye referencias bibliográficas.
    D.L. 01028-2024. – ISBN: 978-84-9082-754-3

    1. Ciencias – Divulgación.   2. Fraude científico. I. Angulo Pinedo, Eduardo, coaut. II. Gámez,
Luis Alfonso, ed.

5/6
001.9

© ehupress
ehupress. Euskal Herriko Unibertsitateko Argitalpen zerbitzuko marka bat da /
Es un sello del Servicio Editorial de la Universidad del País Vasco

ISBN: 978-84-9082-754-3
Lege gordailua/Depósito Legal: LG BI 01028-2024

Índice

Introducción

A mediados de los años 90, un día que iba al trabajo en coche, escuché en un programa de radio una conversación alucinante. Una oyente, a la que habían diagnosticado un mal cuya curación precisaba de cirugía, preguntaba a una astróloga si tenía que operarse inmediatamente, como le habían dicho los médicos, o era mejor esperar. Ni corta ni perezosa, la bruja le respondió que, según su signo del Zodiaco, lo mejor era posponer la operación. No sé lo que hizo la mujer ni si la confianza en los astros le costó la vida, pero sí que aquello me sobrecogió, porque estaba dispuesta a seguir el dictado de las estrellas antes que el de la ciencia que había descubierto la causa de su enfermedad. Acabo de comprobar hace unos días que la desvergonzada astróloga sigue anunciándose en la prensa, a la caza de incautos.

Situaciones como la descrita son habituales. Aunque parezca mentira, en una sociedad como la nuestra, rica y acomodada, dependiente cada vez más de la ciencia y la tecnología, muchas personas se siguen refugiando en el pensamiento mágico, en cualquiera de sus variedades. Así, hay gente que confía en la homeopatía a la hora de enfrentarse a una enfermedad, cuando creer en esa llamada medicina alternativa no tiene más sentido que hacerlo en el poder de las estrellas o en el de una pata de conejo. La homeopatía propugna que una sustancia que provoca los mismos síntomas que una enfermedad puede curarla y que, cuanto más pequeña es la dosis, mayores son sus efectos. Una *medicina homeopática* es más efectiva cuanto más disuelto está el principio activo o, lo que es lo mismo, cuanto menos hay, algo que contradice no sólo el conocimiento científico, sino también el sentido común.

Día a día, las autoridades sanitarias controlan la proporción de ciertas sustancias perjudiciales en el agua potable. Si el principio de la homeopatía —según el cual, cuanto más pequeña es la dosis, mayores son sus efectos— respondiese a la realidad, los ciudadanos de Occidente sufriríamos continuas alertas sanitarias por la baja concentración en el agua que bebemos de elementos perjudiciales para la salud, mientras que los habitantes de los países más pobres estarían mucho mas sanos que nosotros gracias a la alta contaminación de sus aguas. También nos emborracharíamos antes bebiendo vasos de agua con una gota de vino disuelta que tomando vasos de vino a secas. Nada de eso ocurre y, sin embargo, muchos conciudadanos nuestros gastan dinero en adquirir *medicinas homeopáticas*, productos que no contienen ningún principio activo. Si el principio de la homeopatía respondiese a la realidad, sería posible el suicidio homeopático. Sin embargo, hace cuatro años, una veintena de científicos belgas lo promovió como protesta porque las aseguradoras del país incluyeron la homeopatía entre sus servicios médicos. Ingirieron en grupo una dosis infinitesimal —por tanto, muy potente, según los principios homeopáticos— de un cóctel de venenos compuesto por belladona, arsénico y veneno de serpiente, entre otros; y no les pasó nada.

La astrología y la homeopatía son sólo dos ejemplos de cómo el pensamiento mágico se ha instalado en las sociedades desarrolladas. Además de a que la explotación de la superstición y la pseudociencia sea un magnífico negocio, ¿a qué se debe este fenómeno?, ¿es peligroso?, ¿merece la pena perder el tiempo explicando a la gente qué hay de cierto y de falso en las visitas extraterrestres, los monstruos, la comunicación con los espíritus, el feng shui…? Hay quienes creen que sí, como los autores de este libro, fruto de una iniciativa única en España impulsada desde una institución académica, la Universidad del País Vasco/Euskal Herriko Unibertsitatea; un medio de comunicación, el diario *El Correo*; y una asociación cultural que tiene como objetivo fomentar la práctica del pensamiento crítico, el Círculo Escéptico.

En noviembre de 2006, Bilbao acogió una jornada de divulgación científica titulada *Misterios, a la luz de la ciencia*. Enmarcadas dentro de los actos de la Semana Europea de la Ciencia y la Tecnología, las charlas estaban dedicadas a asuntos atrayentes para el público a los que la mayoría de los científicos apenas presta atención al considerarlos ajenos a su quehacer. Ciertamente, los extraterrestres, los monstruos y las témporas tienen poco que ver con la astrofísica, la biología y la meteorología, respectivamente. Pero los científicos de esas disciplinas son quienes, en principio, parecen más capacitados para discernir lo auténtico de lo falso en esos tres campos, siempre y cuando lo hagan de una forma clara, conscientes de que el público no puede saber de todo, pero, al mismo tiempo, tiene derecho a recibir una información veraz sobre aquello que le interese.

Ahora que en la televisión, la radio y los periódicos ha vuelto a cobrar auge el pensamiento esotérico, es más necesaria que nunca una comunidad científica comprometida que divulgue sus trabajos e ideas con claridad y de un modo atractivo, y al mismo tiempo guíe a sus conciudadanos por los lindes entre lo real y lo imaginario con la honestidad de quien tiene las pruebas a su favor. Ahora que algunos intentan sacralizar *el misterio*, convertirlo en algo intocable que no hay que tratar de explicar, sino ante lo que sólo cabe asombrarse, conviene recordar que, si estamos donde estamos, si los aviones vuelan, muchas enfermedades se curan, vivimos más que ninguno de nuestros antepasados y comemos mejor, es porque el hombre ha explicado en los últimos siglos muchos misterios de la mano de la ciencia y su método.

La ciencia avanza explicando misterios, algo que en los últimos siglos nos ha degradado de Reyes de la Creación a unos actores del montón, aunque diferentes al resto porque somos capaces de conocer lo que nos rodea y a nosotros mismos. A mediados del siglo XVI, Nicolás Copérnico nos expulsó del centro del Universo al probar que la Tierra gira alrededor del Sol, y no al revés; hace sólo siglo y medio, Charles Darwin nos convirtió en un producto de la evolución de *seres inferiores*. Aún así, como decía el fallecido Carl Sagan, somos —de momento— la única manera del Cosmos de conocerse a sí mismo.

Es bueno que nos preguntemos cosas, que busquemos explicación a lo aparentemente misterioso. Este libro responde a esa inquietud y da pistas para comprender mejor la trascendencia de algunas empresas y la imposibilidad de otras. Los tres primeros capítulos analizan la posibilidad de que haya vida en otros mundos, monstruos en el nuestro y sistemas de predicción meteorológica fiables basados en *la sabiduría popular*, de la mano del astrofísico Agustín Sánchez Lavega, el biólogo Eduardo Angulo y el meteorólogo Jon Sáenz. Después, el periodista científico Mauricio-José Schwarz nos ofrece una guía para la detección de camelos en un mundo donde cada vez más gente quiere engañarnos. El biólogo Juan Ignacio Pérez y el biofísico Félix Goñi reflexionan, por último, sobre el peligro que supone el auge del pensamiento mágico para sociedades democráticas como la nuestra. Los misterios están ahí no para adorarlos o para quedarnos embobados, sino para intentar explicarlos. Es lo que hacen los autores de este libro.

Luis Alfonso GÁMEZ
Editor

LA BÚSQUEDA DE VIDA EXTRATERRESTRE

Agustín SÁNCHEZ LAVEGA

Vivimos en un Universo viejo, de 13.700 millones de años, poblado por unos 100.000 millones de galaxias, cada una de ellas conteniendo entre 10.000 y 100.000 millones de estrellas, soles que nacen, muchos de ellos seguramente con planetas a su alrededor, evolucionan y finalmente mueren.

Edwin Hubble fue un astrónomo norteamericano que durante la primera mitad del siglo XX, con paciencia y tesón, usando el telescopio más grande en aquella época, un enorme espejo parabólico reflector de 2,5 metros de diámetro ubicado en la cima del monte Wilson, cerca de Pasadena, en California, y siguiendo la pista que sus antecesores habían empezado a rastrear, descubrió que las galaxias se alejaban unas de otras, en una fuga imparable cuya velocidad de escape era proporcional a su distancia de alejamiento. Ayudado por Milton Humason, que había devenido de acemilero —llevaba con un burro la comida al observatorio— a cuidadoso astrónomo observador tras mostrar sus habilidades, acababa de descubrir la expansión del Universo.

Hubble ha dado nombre al quizás en nuestra época telescopio más famoso, el *Telescopio Espacial Hubble*, conocido por sus siglas en inglés como *HST*. El espejo reflector del *HST* es un poco más pequeño que el del telescopio de monte Wilson. Pero en el espacio, en órbita alrededor de la Tierra, libre de las nubes, la borrosidad y los movimientos turbulentos que imponen nuestra atmósfera a la visión del Cosmos, y dotado además de las cámaras electrónicas más sofisticadas, el *HST* nos proporciona una imagen sin precedentes de nuestro Universo. Gracias a este observatorio y al apoyo de al menos un centenar de telescopios terrestres de gran potencia, sabemos que la expansión del Universo tiene lugar de forma acelerada, impulsada por una aún desconocida y misteriosamente bautizada *energía oscura*.

'La paradoja de Fermi'

Perdido en las regiones externas de una galaxia gigante conocida como Vía Láctea, entre sus 100.000 millones de estrellas, se encuentran nuestro Sol y su cortejo de planetas, junto con otros cuerpos menores que giran a su alrededor. Sólo uno de esos mundos contiene vida —*vida inteligente*, al menos—, nuestro hogar, la Tierra. A pesar de la soledad que nos rodea en nuestro vecindario de planetas y satélites, se nos hace difícil pensar que, si existen tantos y tantos soles en el Universo, muchos de ellos —si no la gran mayoría— con planetas, estemos solos, que seamos un producto único de la evolución cósmica. ¡Cuánto espacio casi vacío lleno de materia estéril para una sola especie inteligente!

Desde que el ser humano tiene conciencia de su situación en el Cosmos, la pregunta de si estamos solos en el Universo no ha dejado de plantearse, fuera cual fuera el contexto histórico y el conocimiento científico de la época, y, desoladamente, seguimos sin respuesta. Sin embargo, de la especulación a la que los científicos se veían abocados hace tan sólo medio siglo cuando abordaban esta cuestión, se ha pasado a una verdadera exploración científica gracias a los avances de la biología en su investigación sobre el origen y la evolución de la vida, y a la exploración espacial, que desde 1957 nos ha llevado a visitar y explorar los planetas principales del Sistema Solar y muchos de sus satélites y otros cuerpos menores (asteroides y cometas), claves todos ellos para entender el origen de nuestro sistema planetario, y el nuestro propio. Los modernos telescopios nos han permitido desde 1995 constatar que existen planetas alrededor de otras estrellas —en el momento de escribir estas líneas, hay más de 270 catalogados, y su número crece día a día— y descubrir sistemas planetarios en formación junto a las estrellas nacientes, aun envueltas de sus placentas de gas y de polvo. Hemos pasado en los últimos años de la especulación en la búsqueda de vida en el Universo a su búsqueda científica, y una nueva especialidad, mezcla de la biología y la astrofísica, ha surgido: la astrobiología. Con sus herramientas y métodos, hemos comenzado desde muy diversos frentes a encarar la eterna pregunta, pero seamos pacientes y no esperemos una rápida respuesta, ya que el reto es enorme.

Enrico Fermi fue un físico genial de mediados del siglo pasado, quizás el más completo por sus aportaciones teóricas y experimentales sobre la materia y sus partículas constituyentes. De origen italiano —nació en Roma en 1901—, aunque afincado en Estados Unidos, en donde realizó sus investigaciones, recibió el Premio Nobel de Física en 1938. En 1950, durante una conversación informal con tres compañeros de trabajo antes de la comida acerca de recientes informaciones periodísticas sobre platillos volantes, y tras algún chiste al respecto, profundizaron sobre la posibilidad de que las naves espaciales pudieran alcanzar e incluso superar la velocidad de la luz —en números redondos es de 300.000 kilómetros por segundo— para hacer viajes interestelares. Tal como Fermi gustaba a veces de plantear a sus alumnos cuestiones que requerían un cálculo aproximado, lanzó a sus contertulios una pregunta partiendo de la supuesta existencia de una multitud de civilizaciones extraterrestres: «¿Dónde están todos ellos?». Sus compañeros comprendieron que se refería a los visitantes… Esta pregunta sencilla, pero de muy difícil respuesta, ha pasado a ser conocida como *la paradoja de Fermi* y no deja de ser de alguna forma la guía que conduce a la respuesta que afanosamente buscan los astrobiólogos.

Es una paradoja. En un Universo viejo, con edad suficiente para la aparición y evolución de vida, lo que probablemente siempre requiere un tiempo largo, poblado de miles y miles de millones de estrellas, rodeadas la mayoría de ellas seguramente por varios planetas… ¿no resulta a primera vista impensable que estemos solos? Aparentemente, por pura probabilidad, en muchos de esos mundos debería haber surgido la vida y seguramente evolucionado hacia formas inteligentes, algunas mucho más que nosotros. Con el tiempo, esos seres habrían conseguido viajar por las estrellas y llegar a nuestro mundo. Si ese planteamiento es correcto, ¿dónde están?, ¿por qué no los vemos? La idea de un Universo densamente poblado, pero sin señales de ellos, en cierto modo agobia.

Son bastantes las respuestas que se han propuesto para resolver *la paradoja de Fermi*. Por ejemplo, es posible que haya pocas civilizaciones por el Universo. La vida puede quizás prender en muchos planetas —conviene en cualquier caso recordar que hasta la fecha sólo tenemos constancia de un caso, el de la Tierra—, pero su evolución hacia formas complejas —entendiéndonos así nosotros— no es quizás habitual, sino más bien un proceso raro. Es posible que, aunque los extraterrestres estén por ahí, aún no hayan buscado por aquí. Al fin y al cabo, nuestro Universo es tan vasto que dar con este rincón poblado no será fácil. O a lo mejor se han dado cuenta de que las civilizaciones deben de evolucionar por su cuenta, sin interferencias externas que puedan perturbar su desarrollo. La historia de la Humanidad nos proporciona numerosos ejemplos de cómo a veces esas interferencias culturales han derivado tras el primer contacto en desastres inimaginables. O sea, que saben que estamos en este planeta, pero no quieren mezclarse. Puede ser que, al igual que nos pasa a nosotros, no sean capaces de salir más allá de su entorno, aunque hayan podido desarrollar una tecnología capaz de enviar señales de radio o de luz a largas distancias, y lo estén haciendo, pero no seamos capaces de captarlas. Pudiera ser que simplemente no hayan llegado al grado tecnológico adecuado o no les interese comunicarse o viajar por el espacio, que no se lo hayan planteado o les resulte muy costoso.

Quizás la respuesta más sencilla, a mi modo de entender, es que, si es que existen seres parecidos a nosotros en otros planetas, las distancias entre las estrellas en una galaxia normal son tan enormes que los viajes a escala humana resultan imposibles. Las naves *Pioneer 10* y *Pioneer 11* fueron las primeras con capacidad para adentrarse en las profundidades del Sistema Solar. Las dos exploraron Júpiter —a unos 750 millones de kilómetros del Sol— tras algo más de un año de viaje y, seis años después, la

El Universo profundo visto por el telescopio espacial «Hubble».
Cada punto es una galaxia (Foto: NASA/ESA).

Pioneer 11 llegó a Saturno, a más de 1.500 millones de kilómetros del Sol. Tras 35 años de viaje —fueron lanzadas en 1972 y 1973, respectivamente—, la *Pioneer 11* se encuentra más allá de Plutón y ha perdido el contacto con sus creadores. Las *Pioneer* eran vehículos muy ligeros y se las pudo impulsar con velocidad suficiente para llegar a esas distancias. Lanzar naves más pesadas, como las que se requieren para misiones tripuladas —un ser humano consume al día 1 kilo de oxígeno para respirar, 1 kilo de alimentos, 4 kilos de agua potable y unos 26 kilos de agua para limpieza—, es una empresa mucho más compleja. Así, poner en su destino los 600 kilos de la nave *Cassini*, que se encuentra en órbita de Saturno, requirió 800.000 kilos de peso del cohete lanzador, además de dos pasos por Venus y uno por la Tierra para obtener un empuje adicional que la permitiera llegar al lejano planeta anillado en siete años.

Quizás en el futuro, con motores de propulsión iónica o de tecnología nuclear avanzada, podamos viajar más rápido por los planetas. Pero ir a las estrellas es otra historia. A no ser que de alguna forma alcancemos velocidades *superlumínicas*, por encima de las de la luz, algo que resulta imposible para nuestras entendederas —violaría nuestros paradigmas y conocimientos científicos—, las distancias interestelares se nos hacen infinitas. Piensen que aun y todo, superando todos los problemas tecnológicos de supervivencia en un medio tan hostil como el espacio, viajando a la velocidad de la luz tardaríamos unos cuatro años en llegar a la estrella más próxima. Los viajes que vemos en producciones de Hollywood como *Star Trek* y *La guerra de las galaxias* no dejan de ser ciencia ficción, imaginaciones que alimentan nuestros deseos y ensoñaciones lejos de la realidad del conocimiento actual.

Pero existe una respuesta drástica que algunos científicos plantean a *la paradoja de Fermi*: no vemos extraterrestres porque no existen en ningún lugar del Universo. Estamos realmente solos. Esta visión, extrema si se quiere, fue introducida con fuerza por el físico y matemático Frank J. Tipler III argumentando que, si los extraterrestres existiesen, en cuanto hubiesen alcanzado una tecnología algo más avanzada que la nuestra deberían haber sido capaces de viajar por el espacio y visitarnos. La idea es la de la *colonización de la galaxia* por medio de sucesivas generaciones de familias embarcadas en una nave. Viajando a una velocidad de un 20% de la luz, y saltando de estrella en estrella —obteniendo en sus sistemas planetarios los recursos—, generación tras generación, en unos 10.000 años podrían haber visitado todas las estrellas de su entorno a distancias menores que unos 2.000 años luz, y en unos 3,75 millones de años podrían haberse expandido por la galaxia. Así que, si no tenemos pruebas de ellos, es simplemente porque no existen.

Platillos volantes y extraterrestres

Justamente todo lo contrario es lo que creen muchas personas en todo el mundo, independientemente de su cultura o religión, para quienes *la paradoja de Fermi* no es tal, ya que la respuesta existe desde hace mucho tiempo y es simple: los extraterrestres están entre nosotros, viajan en naves por el espacio —genéricamente conocidas como platillos volantes—, se comunican en muchos casos con los seres humanos, incluso experimentan con algunos —los abducen— y tienen relaciones sexuales, y hasta han tenido protagonismo en nuestra historia... Para algunas de estas personas, toda nuestra existencia es el resultado de un plan trazado desde algún lugar remoto, perdido en los confines del Universo. ¿No les suena todo esto a fenómeno religioso? La mente humana es ciertamente capaz de llegar muy lejos, imaginar lo inimaginable, en su búsqueda de respuesta a las grandes preguntas. Pero las respuestas esotéricas no son altruistas y van siempre acompañadas de una batería de oportunistas —espabilados comunicadores, que a veces se autodenominan *investigadores* y *profesores*— que saben llegar al público y que, a la mínima carencia de conocimiento científico y cultural, hacen comulgar a la gente con determinadas creencias utilizando argumentos falaces, a la vez que obviamente llenan sus bolsillos gracias a la venta de libros, revistas, programas de radio y televisión…

La creencia en la visita de naves espaciales y de seres extraterrestres tiene sus orígenes modernos a mediados del siglo pasado, con el testimonio de avistamientos de los ya famosos platillos volantes en Estados Unidos. El desarrollo científico-técnico, sobre todo de la física y de sus aplicaciones durante la primera mitad del siglo xx, tiene mucho que ver con la expansión social de este fenómeno. También contribuyeron a ello, sin lugar a dudas, los avances de la astronomía a comienzos de ese siglo, que se producen gracias a la construcción de los grandes observatorios dotados de potentes telescopios reflectores de vidrio, de calidad muy superior a los de espejo metálico anteriormente usados y de mayor tamaño que los telescopios refractores de lentes. Se adquiere entonces conciencia de la inmensidad de nuestro Universo, y la observación con más detalle de mundos cercanos, sobre todo de Marte, hace creer a buen número de astrónomos en la posibilidad de su habitabilidad.

Marte es el planeta más cercano a nosotros. Más pequeño que la Tierra —su diámetro es un poco más de la mitad que el terrestre—, gira en 24 horas alrededor de su eje, que está inclinado unos 24º, por lo que tiene también ciclos estacionales, aunque dos veces más largos que los terrestres, pues el año dura cerca del doble. Observado a través al telescopio, muestra un color rojizo con regiones de tonos grisáceos y amarillentos cambiantes en el tiempo. De vez en cuando, se ven manchitas blancas que se mueven sobre esas regiones oscuras, nubes de cristalitos de dióxido de carbono y a veces de agua que arrastran los vientos. Sobre los polos, inmensos casquetes de nieve carbónica se expanden y retraen siguiendo el ciclo estacional de invierno y verano. La observación de estos fenómenos no es sencilla. Solamente cuando la Tierra y Marte se aproximan mientras realizan su movimiento orbital alrededor del Sol —se conoce ese momento como *oposición*—, el tamaño aparente de Marte se vuelve lo suficientemente grande como para vislumbrar con cierta nitidez estructuras en su superficie. En la actualidad, un buen telescopio de aficionado puede mostrarlas. Pero algunos astrónomos de finales del siglo XIX creyeron ver más cosas en Marte.

El mito de los marcianos nace probablemente con el astrónomo italiano Giovanni Virgilio Schiaparelli, quien en una serie de observaciones telescópicas que comenzó en 1877 describió y dibujó sobre la superficie del planeta rojo unas líneas que iban de unas regiones a otras, y que denominó *canali*. Al parecer, cuando Schiaparelli bautizó esas estructuras, pensaba que eran canales formados por procesos naturales, pero la traducción de sus escritos al inglés por la palabra *channels* o *canals* introdujo confusión al darles el carácter de estructura artificial o fabricada para llevar agua de un sitio a otro... por los marcianos. Los canales marcianos atrajeron la atención del estadounidense Percival Lowell, quien, a pesar de su tardío interés por la astronomía —empezó a interesarse por ella cuando tenía 40 años—, construyó un potente telescopio en los claros y limpios cielos de Arizona gracias al importante patrimonio que tenía como heredero de una adinerada familia de empresarios bostonianos. Desde Flagstaff, escu-

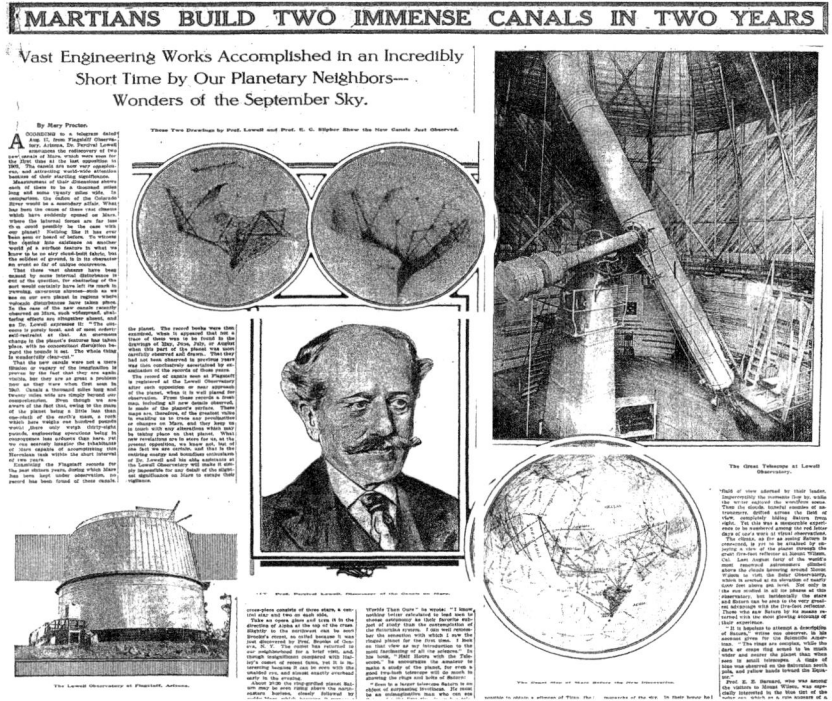

«Los marcianos han construido dos inmensos canales en dos años»,
titulaba en 1911 The New York Times, *haciéndose eco*
de los descubrimientos de Percival Lowell.

driñó Marte en busca de sus canales artificiales, llegando a contar
y catalogar más de 400. Pero los canales estaban sólo en la mente
de Lowell, que se dejó llevar por la visión imperfecta del planeta
a través de nuestra atmósfera y lo delicado y difuso de los detalles
que en su superficie se aprecian al telescopio. Las tenues manchitas grises distribuidas al azar sobre el planeta, observadas bajo
condiciones límites de visibilidad, parecen alinearse en finas estrías conformando los canales.

Lowell siempre creyó en la existencia de los canales y en su naturaleza artificial. Sin embargo, las naves espaciales de comienzos de la década de los 60 mostraron que los canales no eran nada más que un espejismo, una ilusión óptica. Solamente uno, la gran falla extensa y ancha conocida como Valles Marineris, que cruza el ecuador marciano, podía haber sido observado por Lowell. Muchos astrónomos de la época siguieron a Lowell y creyeron ver también los canales. Contribuyó a ello que en el ambiente social había cierta admiración por los canales, pues en 1869 se había abierto a la navegación el de Suez, todo un hito de la ingeniería y técnica humanas. Se interpretaron los cambios que se observaban en su superficie como debidos a ciclos estacionales en la vegetación. La vida en Marte debía de ser prolífica. Ayudó a la extensión popular de la idea de los marcianos la excelente novela *La guerra de los mundos*, del escritor británico Herbert George Wells, publicada en 1898 y cuya versión radiofónica, a cargo de Orson Welles, causó en 1938 una verdadera alarma social en Estados Unidos al ser tomada como una invasión real. El mito de los marcianos, constructores de canales para llevar las aguas de las regiones polares y de las altas latitudes húmedas a las secas ecuatoriales, había nacido. En ese ambiente, no es de extrañar que los extraterrestres —vengan o no de Marte— hayan penetrado en muchas mentes terrícolas.

Las historias sobre platillos volantes y extraterrestres que se han contado en los últimos sesenta años han sido innumerables, incluyendo extravagantes teorías sobre su procedencia y actitud, amén de toda una taxonomía de los visitantes que varía fuertemente, como no podía ser de otra forma, de unos *investigadores* a otros. Los hay altos y bajos, regordetes y escuálidos, cabezones y rapados por lo general, con ojos almendrados en su mayoría. Debe de ser porque en su grado de evolución, más avanzado que el nuestro en cuanto a inteligencia, su cerebro ha crecido hasta ese tamaño a veces excesivamente desproporcionado respecto del cuerpo que ha de soportarlo. Casi siempre tienen aspecto antropomorfo, humanoide, con cabeza, cuerpo y extremidades. Los visionarios del fenómeno siguen proyectando al ser humano en sus extraterrestres. ¡Qué poca imaginación! Se dice haber encontrado restos de los mismos y de sus naves, tener pruebas de abducciones y de prácticas sexuales. Para darle un aire añadido de misterio, se han elaborado toda una familia de teorías conspirativas que incluyen por lo general al Gobierno estadounidense, la NASA, la CIA y el FBI, conchabados con el fin de acallar a los *investigadores* del fenómeno que tratan de descubrir la procedencia e intenciones de estos seres. Un tema digno de novelas de intriga, como mucho, que algunos intentan vender como si de la realidad se tratase.

El fenómeno ovni —de Objeto Volador No Identificado— hace un uso abusivo de esta palabra, pues ovnis pueden avistarse muchos, lo que no significa que sean platillos volantes, naves extraterrestres. Algunas observaciones de ovnis pueden no admitir inicialmente una explicación sencilla, aunque, por lo que yo sé, la gran mayoría han sido explicados y los que no lo han sido es normalmente por falta de documentación suficiente. El grado de fraude, mentira y engaño —fotos trucadas, falsos testimonios…— es tan alto en el fenómeno ovni como para invalidarlo completamente ante cualquier persona sensata. No dudo de que puede haber aún quien se acerque al asunto de forma honesta, intentando ver qué puede haber de realidad detrás de éste o de aquél avistamiento, pero este tipo de personas es la minoría. La mayoría de los que se acercan de esta forma abandonan rápidamente el campo al ver lo que hay detrás de él. Otros, por el contrario, descubren hábilmente el negocio y se instalan en él permanentemente. Descubrir el fraude se convierte en todo un ejercicio de pericia policial y detectivesca para los aventurados incrédulos del fenómeno, legión mucho menor que la de los ufólogos, como se conoce a los *estudiosos* de los ovnis a partir de sus siglas en inglés, UFO (Unidentified Flying Object).

Desde luego que no tenemos restos ni de seres, ni de sus naves, ni de nada suyo, ni de sus acciones en la Tierra o sobre los humanos, a pesar de que muchos siguen creyendo que los extraterrestres están detrás de las pirámides de Egipto y de otras construcciones prodigiosas de la Antigüedad. ¡Ni una prueba contrastable en el laboratorio hasta la fecha! Y eso que son miles los casos reportados. Los extraterrestres se nos muestran huidizos, escurridizos ante quienes mejor pudieran entenderles inicialmente, los científicos. Como en las apariciones marianas, se muestran preferentemente ante gente corriente, lo que les da por añadidura un aire de sencillez y humildad. Ya es casualidad que los astrónomos, que tanto miramos al cielo, no hayamos nunca visto ninguno. Realmente se esconden bien ante nosotros.

No hay experimento bajo control científico o detección repetitiva e independiente probada de la existencia de estos seres. Y piénsese algo más. Si algún día hubiera posibilidad de que una observación o prueba pudiera ser real, el hecho sería de tal magnitud científica que resultaría absolutamente imposible ocultarlo. Los científicos amamos comunicar nuestros descubrimientos. Normalmente, ninguno es ajeno al protagonismo que conlleva anunciar un hecho importante o excepcional a la comunidad científica y a la sociedad. Saldría a la luz, y por supuesto se sometería al análisis en el laboratorio por otros colegas de forma inmediata. Ésta es la fuerza de la razón y de la ciencia, del conocimiento y del progreso. Lo demás son sólo cuentos infantiles para crédulos necesitados.

Si los platillos volantes merecen algún estudio, éste debería realizarse desde la psiquiatría, desde la judicatura —para evitar engaños y fraudes— y desde la psicología social, como fenómeno colectivo de masas.

Hijos de las estrellas

Ya que los científicos nos mostramos incrédulos ante los extraterrestres televisivos, ¿hacemos algo para buscarlos, por si acaso? Hay varios caminos que pueden seguirse, y de ellos hablaremos más tarde, pero el primero debería ser buscar la vida en cualquiera de sus formas posibles en nuestro entorno planetario más próximo. Por lo que hasta ahora sabemos, en el Sistema Solar no vamos a tener más remedio que buscarla en sus formas *más simples*, lo que desde una perspectiva reduccionista nos limitaría como mucho a organismos unicelulares o quizás a los pluricelulares más primitivos. Dado que no conocemos más que un ejemplo de sistemas vivos —el terrestre— y que incluso no existe un consenso absoluto sobre lo que se entiende por vida, debemos estar abiertos a cualquier posibilidad. Pero conviene que antes describamos la evolución física de nuestro Universo para comprender nuestros orígenes más remotos.

La hipótesis ampliamente aceptada en la comunidad científica es que nuestro Universo comenzó hace unos 13.700 millones

La galaxia de Andrómeda es vecina de la nuestra, la Vía Láctea,
pero más grande (Foto: NASA).

de años como una Gran Explosión —el llamado Big Bang—, expresión en todo caso desafortunada pues no hubo tal explosión, ya que las explosiones tienen lugar *frente a algo*, pero en el momento del Big Bang no había nada. En ese instante comienza la cuenta del tiempo, la expansión del espacio y la evolución de la materia, que inicialmente está contenida sólo en forma de energía. En el interior de ese espacio, en los primeros tres minutos a temperaturas inimaginablemente altas, se sintetizan los elementos más simples, fundamentalmente el hidrógeno y el helio. Pasados unos 200 millones de años, se forman las primeras generaciones de estrellas por agregación de esa materia. En su interior, los hornos termonucleares permiten la fusión de elementos químicos más pesados que, expulsados al espacio, impregnan a otras estrellas y a las galaxias que las contienen…

Nuestra galaxia, la Vía Láctea, nació hace unos 10.000 millones de años a partir de una inmensa masa de hidrógeno que en un torbellino rotante acumuló el gas en espirales en las que nacieron las primeras generaciones de estrellas galácticas. Pero no es hasta hace unos 4.600 millones de años que en las partes exteriores de uno de los brazos espirales se forman nuestro Sol y su cortejo de planetas y cuerpos menores. El calcio de nuestros huesos, el hierro que fluye por nuestra sangre y la mayoría de los elementos —desde el litio y el berilio (números 6 y 7 en la tabla periódica de los elementos) hasta el hierro (número 56)— se sintetizaron en el interior de las estrellas anteriores al Sol que murieron arrojando ese material al espacio, las más masivas en forma de explosiones de supernovas. Su muerte fue semilla para la vida en nuestro planeta, ya que esos elementos impregnaron finalmente la nebulosa de hidrógeno y helio de la que nació el Sol. Somos literalmente *polvo de estrellas*. Sin los hornos estelares que nos precedieron, no sólo no estaríamos aquí, sino que ni siquiera se hubiesen formado planetas como el nuestro, de rocas y metales, con un suelo. Parece difícil pensar en la vida en un mundo de hidrógeno y helio como los planetas gigantes, Júpiter, Saturno Urano y Neptuno. Debemos mucho a las estrellas grandes y masivas. Nuestro Universo podría existir sin ellas, pero sería muy aburrido —contendría básicamente sólo hidrógeno y helio—, como debió de serlo durante sus primeros millones de años.

La Tierra se formó hace 4.600 millones de años por agregación de pequeños cuerpos, los llamados planetesimales, en un período de tiempo de entre 1 y 5 millones de años. Tras una etapa ardiente, a medida que se fue enfriando, alcanzó posibilidades para

desarrollar vida cuando su espesa atmósfera de dióxido de carbono
y nitrógeno se hizo menos densa y se formaron los océanos acuo-
sos. Aunque existe cierto debate, parece que los primeros signos
de vida fósil se encuentran en rocas de hace unos 3.500 millones
de años de Groenlandia, Sudáfrica y Australia. El incremento del
oxígeno atmosférico gracias a las primigenias cianobacterias mari-
nas, hace unos 2.000 millones de años, permitió a la vida un crecimiento sostenido hacia formas más complejas, pasando de células
sin núcleo (procariotas) a las que tienen un núcleo (eucariotas), y
de éstas a organismos pluricelulares y a la diversificación de los seres vivos. La gran eclosión de vida tuvo lugar en la era precámbrica,
hace unos 550 millones de años, cuando se desarrollaron multitud
de seres acuáticos que forman la llamada *fauna de Ediacara*. La Tierra contenía entonces un único océano y un único continente. Los
primeros mamíferos y los grandes reptiles —los dinosaurios— aparecen hace unos 230 millones de años y poco más tarde, hace unos
200 millones de años, los movimientos tectónicos en la corteza terrestre propician su ruptura y la separación de los continentes.

   La evolución de las especies impulsada por la selección natural —en un proceso de mutación constante en el que únicamente
las especies mejor adaptadas a su ambiente prevalecen— prosigue
imparable sobre nuestro planeta. Tras varias extinciones masivas
de especies, la más conocida la de los dinosaurios hace 65 millones de años tras el impacto de un asteroide de unos 10 kilómetros
de diámetro, la Tierra pasa a ser dominada por los mamíferos y,
en una de sus ramas, aparecen los primeros homínidos, nuestros
precursores, hace unos 6 millones de años en África. La evolución humana desde entonces ha sido una aventura fascinante que
concluye con la convivencia en nuestro planeta hasta hace unos

30.000 años de dos especies dominantes, los neandertales y nosotros, los *Homo sapiens*, aunque al parecer otra especie de humanos
diminutos (*Homo floresiensis*) pudo acompañarnos hasta hace unos
18.000 años. Por razones aún no bien conocidas, nuestro planeta
quedó bajo el dominio único de nuestra especie, y el *Homo sapiens*
que partió de África hace unos 50.000 años acabó dispersándose
por todos los continentes.

¿Las pautas complejas, pero imparables, que acontecieron en
nuestro planeta han podido tener un paralelismo en otros rincones
del Universo? Es imposible responder hoy en día a esa pregunta,
pero, si queremos buscar alguna aproximación a la respuesta, ten-
dremos que ir marcha atrás y volver otra vez al origen de la vida.
Quizás lo primero sea establecer qué entendemos por vida, ya que
no tenemos una definición única y precisa. Para la mayoría de los
biólogos, la vida es un sistema material que sufre evolución darwi-
niana, que es capaz de autorreproducirse, mutar y evolucionar por
selección natural. Desde un punto de vista más práctico, si de su
búsqueda se trata, podemos decir que la vida requiere de al menos
los siguientes elementos: una fuente de energía —la luz estelar o
la energía que emane del interior de un mundo—; carbono abundante capaz de formar largas cadenas de moléculas orgánicas —se
conocen unos 10 millones de compuestos—; agua líquida, cuyas
propiedades disolventes y favorecedoras de reacciones químicas
son inalcanzables para otros compuestos; y ciertas cantidades de
nitrógeno, fósforo y azufre. Bajo *las condiciones apropiadas*, este
conjunto de necesidades podría dar lugar a la formación de ma-
cromoléculas orgánicas como el ADN y otras, y éstas a su vez a la
generación de células, como elemento esencial de la evolución hacia organismos mayores y complejos.

Vida en nuestro vecindario cósmico

A mediados de la década de los 70, el astrofísico estadounidense Carl Sagan, reputado estudioso de los planetas, aunque quizás más conocido por su afamada serie de divulgación *Cosmos* y su defensa vehemente de la ciencia y la razón frente a la superchería y creencias varias, publicó un artículo en una revista científica acerca del tipo de seres vivos que podrían existir en los planetas gigantes. Sin suelo, en una atmósfera de hidrógeno, entre nubes de amoníaco y agua, imaginaba y razonaba el bueno de Sagan diferentes tipos de organismos flotantes, ascendiendo y descendiendo en ese aire enrarecido por las corrientes verticales de vientos de la atmósfera de Júpiter. Hoy en día, nadie cree que esas formas de vida —ni ninguna otra— existan en los mundos gaseosos. Tres de los cuatro requisitos que impusimos anteriormente parecen darse, pero faltan el agua líquida y *las condiciones apropiadas* que, aunque desconocemos en sus detalles, es casi seguro que no se han dado en Júpiter. Aunque tenemos que mantener la mente abierta ante cualquier posibilidad, casi todos los astrobiólogos concuerdan en que los mejores lugares para buscar vida son los cuerpos con superficie, los planetas terrestres y los satélites, no los mundos gaseosos.

Incluso en medio del espacio casi vacío y frío —a unos 265° bajo cero—, en las masas de gas y polvo que se extienden entre las estrellas, podemos encontrar una rica variedad de moléculas orgánicas. A pesar de lo hostil de ese ambiente, los pequeños granitos de silicatos adhieren hielos a su superficie. Posteriormente, el bombardeo que sufren esos granos helados por las partículas y la radiación ultravioleta de las estrellas cercanas favorecen las reacciones químicas, generando moléculas de interés para la vida. Algunos astrónomos proponen que son las moléculas formadas en el medio interestelar las que pueden llevar la vida a cualquier punto del Universo, incluso a la Tierra. Esta teoría, conocida como *panspermia*, no goza de una amplia popularidad entre los científicos. En cualquier caso, esto viene a indicarnos que la formación de moléculas orgánicas es un proceso relativamente sencillo, pero su unión posterior para originar moléculas orgánicas largas y complejas parece ser un paso más complicado que requiere de ambientes más propicios.

En nuestro entorno planetario, hay al menos cuatro cuerpos que por sus características se encuentran cerca de poseer —o de haberlo poseído en algún momento— las condiciones mínimas para la vida. De entre los planetas llamados terrestres, los dos interiores, Mercurio y Venus, quedan descartados, ya que el primero se encuentra muy cerca del Sol —con temperaturas de 470º C en su cara iluminada y 180º C bajo cero en la oscurecida— y carece de atmósfera, y el segundo está calcinado por un potente efecto invernadero que tiene su origen en la densa atmósfera de dióxido de carbono, noventa veces más masiva que la terrestre y que eleva las temperaturas hasta los 450º C. Así que el caso más favorable es el de Marte. Ya indicamos anteriormente algunas de las características básicas de este planeta y su semejanza con la Tierra. Añadamos que es hoy un mundo con pocas posibilidades para la existencia de vida en la superficie, con una atmósfera tenue de dióxido de carbono y temperaturas muy bajas y oscilantes a lo largo del día y del año, unos 60º C bajo cero en promedio, que hacen que el agua se congele y sublime. Quizás pueda, sin embargo, albergar algún nicho cálido donde el agua esté en estado líquido.

¿Bajo la superficie? ¿En las paredes de algunos cráteres en donde las imágenes de las naves espaciales muestran cambios en cuestión de unos pocos años achacables quizás a escapes de agua líquida desde el subsuelo?

Lo que sí sabemos, por los numerosos estudios llevados a cabo en los últimos treinta años por toda una pléyade de misiones espaciales, es que Marte fue un planeta caliente y húmedo durante al menos los primeros 1.000 ó 2.000 millones de años tras su formación, y que el agua líquida fluyó y ocupó grandes áreas. El análisis químico del suelo y su estudio mineralógico muestran inequívocamente que el clima marciano en aquellas épocas pudo ser apto para que la vida prendiera. ¿Lo hizo? No lo sabemos, pero la búsqueda de fósiles o microfósiles continúa. ¿Se imaginan lo que sería encontrar restos de vida allí? ¿Estaría basada en nuestras mismas moléculas de vida —por ejemplo, ADN— o serían otras distintas?

En 1994 se produjo una enorme conmoción en la comunidad científica. A bombo y platillo, y nada menos que con el presidente Bill Clinton como anfitrión y presentador, investigadores de la NASA y otros centros anunciaban al mundo los resultados del estudio de un meteorito marciano encontrado años antes en la Antártida que sugerían la presencia de vida pasada en el planeta rojo. Son una veintena los meteoritos que sabemos de origen marciano, gracias a que su composición química es igual que la de la superficie del planeta y diferente que la de la mayoría de meteoritos, que provienen en gran medida del Cinturón de Asteroides y en menor cantidad de la Luna. Arrancado de Marte por el impacto de un asteroide al comienzo de la historia del planeta, hace unos 4.000 millones de años, y tras un largo periplo por el espacio, el pedrusco de apenas unos centímetros de tamaño cayó en el continente antártico y fue

El meteorito marciano ALH 84001, en el que se anunció en 1994
el hallazgo de pruebas de vida (Foto: NASA).

encontrado por los científicos cerca de la base de Allan Hills. Denominado ALH 84001 por las iniciales del lugar del hallazgo y por
ser el primer meteorito encontrado en 1984, presentaba las siguientes aparentes evidencias de posible vida pasada: moléculas orgánicas, intrusiones esféricas de material carbonáceo, huellas magnéticas
que recuerdan a la actividad bacteriana y una especie de microfósiles
minúsculos que recuerdan nanobacterias. La verdad es que, tomado
cada uno de estos signos de manera independiente, no diría demasiado a favor de la vida, pero encontrados conjuntamente en una
muestra tan pequeña... El caso es que, tras años de investigaciones

en numerosos laboratorios, los científicos no se ponen de acuerdo sobre esta *prueba de vida* en Marte. Lo que la mayoría piensa es que lo que vemos en ALH 84001 puede explicarse por procesos químicos no biológicos o por artefactos resultantes de las técnicas aplicadas en sus análisis, que no precisa de la existencia de vida en Marte.

Pero los esotéricos que quieren ver marcianos o los restos de sus pasadas civilizaciones no cesan en su empeño y, rememorando las ilusiones de Percival Lowell, han vendido a bombo y platillo en revistas, libros y programas de televisión el misterio de *la cara de Marte* y su entorno de pirámides. Cuando sobrevolaba en su órbita la región marciana de Cydonia, la cámara de televisión de la nave espacial *Viking 1* fotografió en 1976 una curiosa estructura geológica que aparentaba ser la imagen de una cara humana esculpida sobre la superficie del planeta. Para añadir más misterio al asunto, cerca había una serie de promontorios que parecían poseer la típica forma piramidal. Al instante surgieron las interpretaciones fantasiosas: lo que veíamos correspondía a los restos arqueológicos de una pasada civilización marciana, la misma que pudo haber construido las pirámides de Egipto o asesorado a nuestros antepasados en esa tarea. ¿Quién no ha visto o no conoce en cualquier lugar de nuestro planeta estructuras geológicas que recuerdan construcciones humanas? Aunque los geólogos planetarios dijeron desde el primer momento que ésa era a buen seguro la explicación de las formaciones de Cydonia, *la cara de Marte* sirvió para que la historieta de marcianos constructores de pirámides se vendiera sin escrúpulos gracias a la caradura de muchos que años después, cuando en 2001 las cámaras más sofisticadas y de mejor resolución de la nave espacial *Mars Global Surveyor* mostraron claramente la naturaleza geológica de estas formaciones, no fueron capaces de rectificar en sus interesadas interpretaciones.

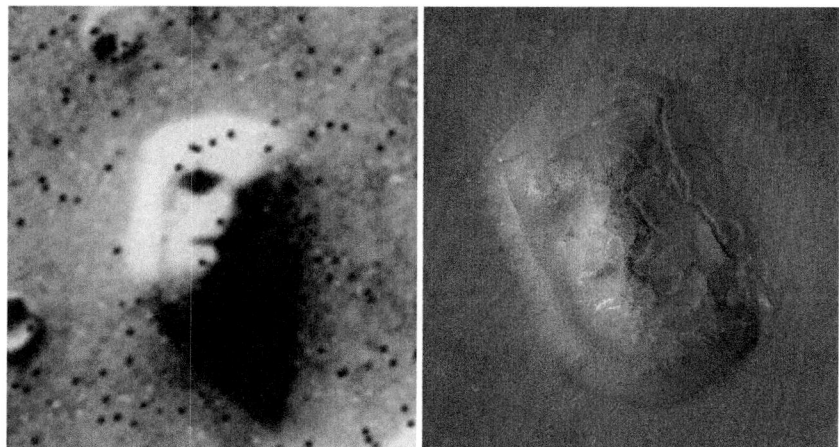

La cara de la región marciana de Cydonia vista por el orbitador de la Viking 1 *en 1976, a la izquierda, y por la* Mars Global Surveyor *en 2001 (Fotos: NASA).*

Dejando atrás Marte, los otros mundos con interés astrobiológico del Sistema Solar son los satélites planetarios y, de entre los más de un centenar ya conocidos, tres: Europa, una de las cuatro lunas principales de Júpiter, descubierta por Galileo en 1610; Titán, el mayor satélite de Saturno, sobre el que en enero de 2005 se posó la nave europea *Huygens*; y Encelado, una pequeña luna exterior de este mismo planeta.

Europa tiene 1.565 kilómetros de radio —es un poco más pequeño que la Luna, cuyo radio es de 1.738 kilómetros— y Encelado, con tan sólo 249 kilómetro de radio, es muy pequeño, pero ambos son satélites sorprendentes cuando los comparamos con el resto. Cuando las cámaras de las naves *Voyager* tomaron imágenes de estos mundos en 1979 y 1980, nos sorprendieron al mostrar que sus superficies estaban prácticamente desprovistas de cráteres.

La de Europa aparecía cubierta por un retículo de largas grietas, algunas de 1.000 kilómetros de longitud y 10 de anchura, además de por toda una serie de estructuras poligonales orientadas de manera arbitraria y caótica, signos todos ellos de que la superficie de este mundo está geológicamente viva. La superficie de Europa se renueva, muta como la piel de una serpiente. Encelado tiene, por su parte, un hemisferio desprovisto de cráteres sobre el que se dibuja toda una serie de bandas más oscuras que recuerdan las de la piel de un tigre, y como tal han sido bautizadas. Pero la mayor sorpresa ha llegado en las imágenes tomadas por la nave *Cassini*, en órbita de Saturno desde julio de 2004. Sobre el borde del disco de Encelado las cámaras de *Cassini* nos muestran que, desde la región de las estrías en el hemisferio Sur, salen chorros de gas que a modo de géiseres expulsan al espacio materia desde el interior del satélite. También Encelado está geológicamente vivo.

Europa y Encelado son esencialmente bolas de hielo, con superficies de agua helada sucia por la mezcla de los compuestos que emergen desde el subsuelo y por los que se forman como consecuencia del continuo bombardeo de partículas cargadas que, a alta velocidad, pululan en el entorno electromagnético de Júpiter y Saturno, respectivamente. El interior de ambas lunas está caliente, funde los hielos o al menos los hace más pastosos. Los menos densos ascienden y modifican la superficie, lo que genera las grietas por las que en Europa emerge lentamente y se desparrama la materia, y los géiseres de Encelado generados a partir de embolsamientos subterráneos de gas formados por la evaporación del agua y otros compuestos. El calor interno de Europa tiene su origen en los tirones que sufre como consecuencia de un curioso fenómeno de coincidencia de períodos orbitales con las lunas Io, desde el interior del sistema de Júpiter, y Ganímedes, desde el exterior. No sabemos bien cuál es el origen del calor interno de Encélado, pero esa fuente de calor funde los hielos bajo la fría costra superficial, que se encuentra a 200° C bajo cero, y forma muy probablemente océanos subterráneos con abundancia de agua líquida. Además, es muy probable que Ganímedes, la luna más grande de todo el Sistema Solar con 2.634 kilómetros de radio, tenga también un océano subsuperficial. Estamos, pues, de nuevo ante posibles condiciones aptas para la vida. Quizás, como en los lagos bajo los hielos antárticos de nuestro planeta, podamos buscar en un futuro vida bajo las superficies de estas lunas.

El interés astrobiológico de Titán, de 2.575 kilómetros de radio, es diferente. También es un mundo de hielo, aunque con mezcla de rocas, pero lo más curioso es que todo él se encuentra cubierto de una densa atmósfera de nitrógeno como la terrestre sobre la que flota una neblina anaranjada, suficientemente opaca como para no dejarnos ver la superficie salvo en el infrarrojo y con el radar. Las naves espaciales nos han mostrado que la niebla la constituyen muy pequeños granitos de hidrocarburos y que bajo ella, más cerca de la superficie, se forman nubes de metano —el *gas de los pantanos*— cuya precipitación puede alimentar los abundantes lagos y lagunas de hidrocarburos líquidos que el radar de la nave *Cassini* ha descubierto cerca del polo Norte. Estamos ante el primer caso de un mundo con una riqueza química prebiótica inimaginable. Titán es algo así como una imagen fría de lo que pudo haber sido nuestro planeta antes de la aparición de la vida. El ciclo de transformaciones que sufre el metano —evaporación, condensación y precipitación, así como sus múltiples reacciones químicas— es único en todo el Sistema Solar y se asemeja al del agua en la Tierra. Titán es un mundo al que mirar para buscar los orígenes de la vida, aunque ciertamente pocas esperanzas tenemos de encontrarla en él, al menos en su superficie, ya que sus 180º C bajo cero no son los más adecuados. Quizás de nuevo en el subsuelo exista alguna posibilidad para que la vida, fruto de la riqueza orgánica de este mundo, haya emergido.

Vida alrededor de otros soles

De entre las cerca de 4.800 estrellas visibles a simple vista —desde un lugar bien apartado en el campo, no en el centro de las grandes ciudades, donde apenas se ven ya unas pocas a causa de la contaminación lumínica—, un buen número de ellas son semejantes al Sol. De entre ellas, una estrella corriente apenas visible para el ojo desnudo, la número 51 cerca del cuadrilátero que forman las más brillantes de la constelación de Pegaso, iba a hacer historia. En 1995, la revista *Nature* publicaba un artículo de dos astrónomos suizos, Michel Major y su estudiante de doctorado Didier Queloz, en el que anunciaban el descubrimiento del primer planeta extrasolar —en órbita de una estrella diferente al Sol— alrededor de 51 Pegaso. Los astrónomos suizos no mostraban en el artículo una foto de un disco planetario o un punto de luz cerca de 51 Pegaso. Esto es imposible incluso hoy. Lo que habían hecho es medir con una precisión increíble, que recuerda a la mejor tradición de sus relojeros, los pequeños movimientos oscilantes de la estrella por la acción de la gravedad de un planeta. El primer planeta extrasolar había sido detectado indirectamente. Pero no todo acabó ahí. Cuando calcularon la masa y la distancia del planeta a su sol, se encontraron con una sorpresa. Se trataba de un mundo gigante, semejante a Júpiter, una inmensa bola de hidrógeno, pero ¡a sólo 6 millones de kilómetros de distancia de su estrella! Para hacernos una idea de lo raro del descubrimiento, recordemos que la distancia del planeta más cercano al Sol, Mercurio, es de 58 millones de kilómetros y se trata de una bola mezcla de metales y rocas de un tamaño algo mayor que la Luna. ¿Qué hacía un planeta gaseoso, diez veces más grande que Mercurio, en ese entorno infernal?

En nuestro Sistema Solar, los gigantes están lejos del Sol, allí donde las temperaturas son gélidas y el hidrógeno queda atrapado en el planeta. El hallazgo de 51 Pegaso no era sólo el del primer exoplaneta, como también se los llama, sino que también suponía la caída de un paradigma reinante según el cual la formación de los sistemas planetarios finaliza con los planetas pequeños de rocas y metales —materiales difíciles de evaporar— cerca de la estrella y los gigantes de gas en su fría lejanía. Fue tal la conmoción entre los científicos que los editores de *Nature* sometieron el artículo a toda una serie de controles externos de los más reputados astrónomos. Superó con éxito todos ellos, y la prueba de la existencia de un planeta extrasolar quedó ahí. Como tantas veces pasa en la ciencia, Major y Queloz se habían adelantado por los pelos, en su descubrimiento y para su gloria, a dos astrónomos norteamericanos, Geoffrey Marcy y Paul Butler, que poco después informaron del descubrimiento de un planeta semejante alrededor de la estrella 70 de la constelación de la Virgen.

En honor a la verdad, hay que decir que tres años antes, en 1992, los radioastrónomos Alex Wolszczan y Dale A. Frail habían anunciado en *Nature* la existencia de tres extraños planetas —o al menos objetos con la masa de planetas— en órbita de un púlsar, el núcleo residual de la explosión de una supernova. Los púlsares

envían pulsos en ondas de radio —y en rayos X y luz visible—
con tanta regularidad que cuando fueron descubiertos en 1967
algunos pensaron que se trataba de señales artificiales, ¡cómo no!,
mandadas por inteligentes extraterrestres, los *pequeños hombres verdes*, como fueron rápidamente bautizados. Lo cierto es que el descubrimiento de planetas alrededor de un objeto tan raro como un
púlsar abre nuevas interrogantes. ¿Se trata de un sistema planetario
que ha sobrevivido a la inmensa explosión estelar? ¿O se formaron
esos objetos de los residuos de la explosión de la supernova?

A día de hoy, son ya más de 270 los planetas descubiertos
con el mismo método empleado por Major y Queloz. Los más pequeños hasta la fecha tienen masas de unas cinco a diez veces la de
la Tierra, son planetas de menor tamaño que Urano y Neptuno que
han sido bautizados como *supertierras*. Una conclusión que ya podemos sacar de estos estudios es que la variedad de planetas y confi-
guraciones de sistemas solares en el Universo es muy grande. Me he
atrevido a bautizar esta riqueza de mundos y ambientes planetarios con el nombre genérico de *planetodiversidad*, por comparación
con el término *biodiversidad* ampliamente aceptado y descriptivo
de la variedad biológica en nuestro planeta. Mundos hasta ahora
inimaginables, algunos quizá cubiertos por profundos océanos de
agua o de otros compuestos líquidos, *planetas oceánicos* —rememorando el Solaris de la novela homónima de Stanislav Lem— y otros
mundos negros formados por carbón y por compuestos de él, quizás
hasta con interiores diamantinos, y así hasta una infinidad… No es
ciencia ficción. Se trata de planetas posibles según nuestro conocimiento físico de la materia y del Universo.

Bueno, y si esto es así, ¿qué podemos decir acerca de la posible existencia de vida en esos mundos? En 1993, el científico

La superficie de Marte, fotografiada por el todoterreno Mars Pathfinder
en el verano de 1997 (Foto: NASA).

norteamericano James Kasting y dos de sus colaboradores in-
trodujeron, guiados por el estándar de nuestro Sistema Solar, el
concepto de zona de habitabilidad, la región alrededor de una estrella en la cual el agua podría encontrarse en estado líquido, una
de las condiciones que antes comentábamos como fundamentales
para la existencia de vida. La distancia de la *banda habitable* en la
que debería encontrarse un planeta de tipo terrestre para soportar vida depende del tipo de estrella. Para las que tienen una masa
equiparable a la del Sol, la banda está entre unos 80 y 200 millones de kilómetros. Para estrellas más grandes y masivas, el intenso
calor hace que tengamos que alejarnos hasta distancias de 300 a
500 millones de kilómetros —casi a la que se encuentra Júpiter de
nuestro Sol— si queremos encontrar agua líquida. Para las estrellas más pequeñas de las que se recibe muy poco calor, deberíamos

ubicarnos muy cerca, entre unos 30 y 60 millones de kilómetros; pero entonces los planetas terrestres que pudieran orbitarlas tendrían un problema: mostrarían siempre un mismo lado a la estrella —como sucede con la Luna y la Tierra—, ya que la proximidad tiende a frenar con el tiempo la rotación del planeta alrededor de su eje y llevarlo al sincronismo con el período orbital. Es casi lo que de hecho pasa con Mercurio y Venus. Parece, por lo tanto, razonable que, si nos proponemos encontrar planetas aptos para la vida, los busquemos en la zona de habitabilidad.

Pero ni eso garantiza que se den todas las condiciones apropiadas. Déjenme que enumere la serie de requisitos fundamentales que debería cumplir un planeta y su entorno para tener garantías de vida evolucionada —más allá de la microbiana—, al menos en un porcentaje importante. Primero, desde la perspectiva de la estrella convendría que esta no fuera muy masiva, ya que las grandes consumen pronto su combustible nuclear y viven poco, unos millones de años, tiempo seguramente insuficiente para que los planetas de su entorno se enfríen como para soportar la vida. Tampoco conviene que la estrella sea muy pequeña, pues, aunque viven muchos años, éstas emiten abundante radiación ultravioleta, que como se sabe es un buen esterilizador microbiano, y tienen muchas fluctuaciones en su luminosidad, algo a lo que la vida es muy sensible. Así que, en este descarte, también dejaríamos de lado las estrellas intrínsecamente variables en un amplio porcentaje de su brillo. Lo más apropiado es buscar planetas con vida en estrellas aisladas, ya que en los sistemas múltiples —de dos o más estrellas— las condiciones de iluminación y gravedad en el planeta podrían ser demasiado extremas. Con todas estas restricciones, lo mejor es que en una primera aproximación nos quedemos con las estrellas de tipo del Sol o parecidas.

Quizás, antes de todo esto, deberíamos requerir que la estrella y su sistema planetario fuesen de los jóvenes de nuestra galaxia. Las estrellas jóvenes han podido incorporar los elementos pesados formados por generaciones anteriores de estrellas —carbono, silicio, oxígeno y metales entre otros— y gracias a ellos formar planetas como el nuestro y poseer a la vez los ingredientes necesarios para la receta de la vida. Las estrellas más viejas carecen de estos elementos y, por consiguiente, quizás hasta de planetas terrestres. De hecho, la estadística de búsqueda y descubrimiento de planetas extrasolares muestra que éstos se detectan preferentemente en las estrellas con mayor abundancia de elementos pesados. También conviene que la estrella y su sistema planetario estén en un entorno galáctico tranquilo, lejos de focos intensos de radiaciones energéticas como el núcleo de las galaxias, donde en general parece existir un agujero negro gigantesco que engulle materia y la transforma en una forma mortífera de energía. Y tampoco es deseable que tengan cerca estrellas masivas que puedan explotar como supernovas, u otros tipos más sofisticados de estrellas como los que acontecen en las recientemente descubiertas explosiones de rayos gamma capaces de emitir en breves instantes cantidades de esa radiación equivalentes a la emitida por una galaxia entera.

La mayor parte de los planetas extrasolares hasta la fecha descubiertos son gigantes del tipo de Júpiter y están muy cerca de sus estrellas. Esto es debido a que los métodos empleados para su búsqueda favorecen la detección de planetas grandes pegados a la estrella. ¿Pero cómo es que están ahí? Por lo que sabemos de la formación de planetas, estos gigantes no se encuentran en su lugar de nacimiento, que casi seguro tuvo lugar lejos de la estrella. Lo más probable es que hayan migrado desde las regiones exteriores donde se formaron hasta las interiores al rozar en su órbita con los restos del disco de gas y de polvo que formó el sistema planetario. Los modelos y cálculos que se hacen con potentes ordenadores sugieren que, cuando un planeta grande se mueve desde fuera hacia dentro del sistema planetario por fricción con los restos de un masivo disco, como si de un macabro juego de billar gravitatorio se tratase, puede llegar a expulsar a los planetas terrestres formados cerca de la estrella o incluso arrojarlos hacia ella. ¡Qué suerte hemos tenido de que Júpiter y Saturno no se hayan movido de su sitio! Si no, quizás no estaríamos aquí para contarlo.

Finalmente, superados todos esos requisitos, necesitamos que el planeta ubicado dentro de la zona de habitabilidad tenga condiciones apropiadas para que la vida evolucione hacia formas complejas. No puede ser un mundo grande, pues entonces inmediatamente se rodearía de una atmósfera irrespirable de hidrógeno. Es conveniente que el planeta sea de tamaño intermedio y su atmósfera tenga una composición química y una masa inicial apropiadas. El tamaño es también importante para que el planeta disponga en su interior de suficiente cantidad de material radiactivo que le permita generar calor y así mantener al menos una parte de su interior fundido. Esto favorece, por un lado, el reciclaje entre atmósfera y subsuelo y, por otro, si el planeta tiene un período de rotación apropiado, la existencia de un campo magnético que proteja la atmósfera del efecto erosivo producido por el viento estelar, el flujo continuo de partículas que escapa de toda estrella.

Podríamos añadir más requisitos, extrapolando nuestro conocimiento de las condiciones requeridas para la vida en la Tierra a otros planetas. Puede acusarse a esta visión de *limitante* en la búsqueda de vida, de pecar como en casi todo lo que pensamos sobre este tema de antropocentrismo, de usar como referente el único ejemplo que conocemos de vida, el de la Tierra. Pero esto no quiere decir que no pueda existir vida en algún planeta o estrella que viole esos requisitos. Simplemente indica que la existencia de vida pluricelular compleja requiere seguramente de bastante más que estar en la zona de habitabilidad de Kasting y que, por lo tanto, nuestra percepción simple de *una pluralidad de mundos habitados* obtenida por extrapolación de la existencia de miles de millones de estrellas es quizás demasiado optimista e incorrecta. Hemos aprendido que la vida exige tiempo para su asentamiento y desarrollo, es frágil ante eventos catastróficos que pueden cambiar su rumbo —por ejemplo, los grandes impactos con otros cuerpos— y precisa de condiciones a cumplir por su entorno…

¿Hay alguien ahí?

¿Cómo afecta todo esto a nuestro propósito de buscar vida o, yendo más allá, inteligencia extraterrestre? Se pueden tomar diferentes direcciones a la hora de explorar las estrellas vecinas con tal fin. Olvidémonos por ahora de investigar mucho más lejos de unos 30 años luz de distancia: la enorme separación haría fracasar nuestro empeño. Hace más de 45 años, el astrónomo norteamericano Frank Drake impulsó, junto con otros científicos, una serie de proyectos para la detección de posibles señales de radio y, aún más ambiciosamente, para intentar establecer comunicación con otras civilizaciones. Drake sintetizó en una famosa ecuación los requisitos —no sólo astronómicos y biológicos, sino también sociológicos— para calcular la probabilidad de existencia de civilizaciones inteligentes capaces de comunicarse en nuestra galaxia. La ecuación de Drake encierra una trampa, ya que, al calcularse como producto de probabilidades, basta con que uno de sus términos sea cero —lo que según lo mostrado anteriormente no sería de extrañar— para que el resultante de civilizaciones inteligentes sea cero... o enorme, ¡casi infinito!

Drake y sus colegas, guiados por un famoso artículo publicado en *Nature* en 1959 en el que Giuseppe Cocconi y Philip Morrison proponían el uso de la radio para comunicaciones con extraterrestres, comenzaron la exploración sistemática del cielo a la caza de señales que *ellos* pudieran estar enviándonos, e incluso mandaron mensajes a estrellas cercanas por si *ellos* estuvieran escuchando. Así, utilizaron el radiotelescopio de Arecibo (Puerto Rico), de 305 metros de diámetro, para enviar señales de radio a Tau Ceti y Épsilon Eridani, dos estrellas cercanas, con la esperanza de que sus hipotéticos habitantes las captaran y nos respondieran. El proyecto, denominado Ozma, fue el pionero de toda una serie de intentos semejantes llevados a cabo hasta nuestros días y que básicamente están más orientados hacia la búsqueda de señales de radio que a su envío. Esta tarea ingente de *patrullaje interestelar* tuvo un punto álgido en 1999 cuando se estableció el proyecto SETI@home o búsqueda de vida extraterrestre desde casa (SETI, como se conoce a todos estos proyectos, se corresponde con las siglas en inglés equivalentes a Búsqueda de Inteligencia Extraterrestre). Dado que la cantidad de señales detectadas

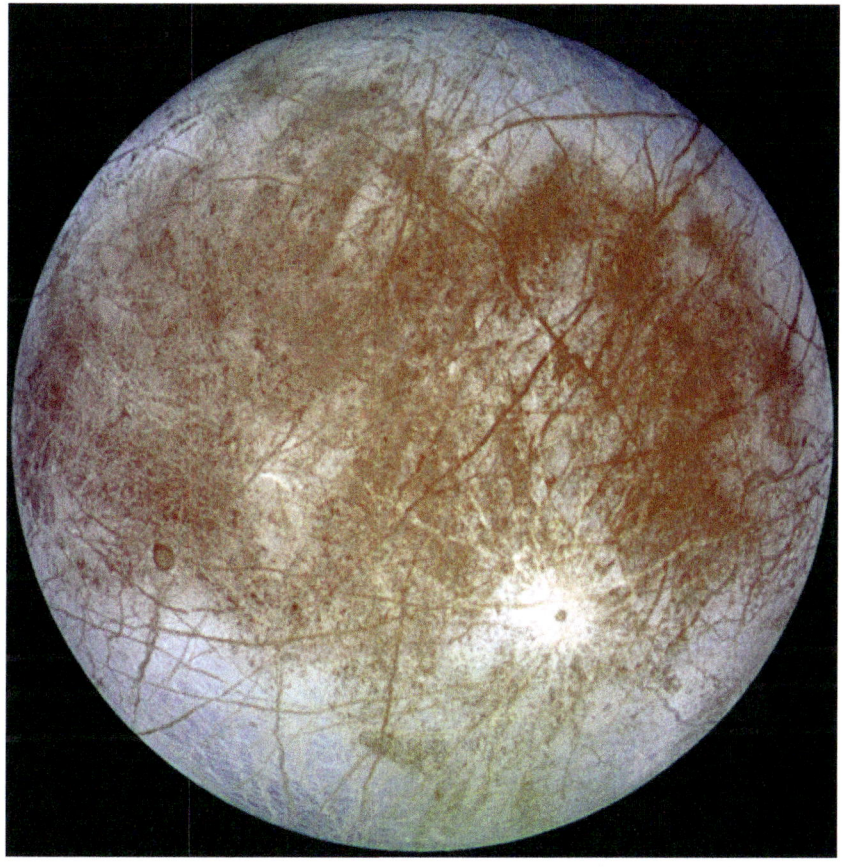

Europa, la luna helada de Júpiter, fotografiada por la nave Galileo
(Foto: NASA).

por el radiotelescopio de Arecibo es inmensa, se requirió para su
análisis de la participación de voluntarios dispuestos a prestar su
ordenador personal con conexión a Internet para instalar un sal-
vapantallas que, en realidad, es un programa de análisis de esas señales de radio que actúa durante los tiempos en los que no se usa
el ordenador para luego devolver el resultado del análisis al centro

de control. Más de cinco millones de ordenadores personales han sido usados con tal fin… sin haberse detectado nada anómalo. *La paradoja de Fermi* es cada vez más paradoja.

El avance tecnológico nos permitirá en el futuro el uso de baterías de radiotelescopios más sensibles, como el Telescopio Allen (ATA), patrocinado por el multimillonario Paul Allen —uno de los cofundadores de Microsoft—, y la Red Kilométrica (SKA), un conjunto de antenas que equivaldrá a un único radio-telescopio de un millón de metros cuadrados, a la vez que dis-poner de analizadores de las señales más potentes. También se ha pensado en el uso de potentes haces de luz láser para enviar pulsos o detectarlos, ya que, si *ellos* conociesen el mecanismo lá-ser, podrían estar enviándonos señales y nosotros sin enterarnos. Estos rastreos interestelares tienen a priori poca probabilidad de darnos una respuesta a *la paradoja de Fermi*, pero creo que hay que intentarlo. Si encontrásemos una señal inteligente proce-dente de otro lugar del Universo, el impacto de la noticia sobre nuestra civilización sería de tan extraordinario alcance desde to-dos los puntos de vista que sus consecuencias son actualmente impredecibles.

Desde una perspectiva menos optimista en la búsqueda de extraterrestres, pero más realista hacia el paso previo de la bús-queda de planetas que pudieran albergar vida, los astrónomos y los astrobiólogos están desarrollando toda una nueva generación de telescopios ópticos espaciales. Su misión fundamental será to-mar imágenes de muy alta resolución de las estrellas más cercanas con la idea de *anular* su luz deslumbrante como si de un eclipse se tratara, lo que haría posible ver la luz reflejada de los planetas que orbiten en su entorno y analizarla. *Apagando* la luz estelar, podríamos ver por primera vez planetas del tipo de la Tierra y, si su brillo es suficiente, buscar en su luz signos de vida. Se conocen éstos como *biomarcadores* espectrales. La detección del gas ozono podría indicar la existencia de una atmósfera de oxígeno, una anomalía en el ámbito general de los planetas que pudiera ser consecuencia de la vida, como en la Tierra. Otros rasgos, como la detección de clorofila, serían desde luego más concluyentes sobre la existencia vida. Estamos a una decena de años de que estos proyectos se lleven a cabo. Hacen falta fondos e ideas para superar el desafío tecnológico que representa el estudio de un planeta extrasolar.

Y mientras tanto… El 2 de marzo del 1972, la NASA lanzó por primera vez una nave, la *Pioneer 10*, hacia el lejano Júpiter. Viajando a 12 kilómetros por segundo, sobrevoló el gigante gaseoso en 1979, se encuentra ya a más de 13.000 millones de kilómetros de nosotros y se adentra poco a poco en las profundidades del espacio camino de las estrellas. Sus señales de radio ya no llegan a la Tierra. Otras naves, la *Voyager 1* y la *Voyager 2*, hacen lo propio en otras direcciones. Como náufragos en el vasto océano cósmico, hemos metido mensajes en esas *botella espaciales*. La *Pioneer 10* lleva una placa adosada en un lateral donde se indica simbólicamente quiénes y cómo somos los que hemos enviado la nave —por si acaso, el hombre lleva la mano en alto en son de paz—, desde dónde se ha lanzado y cómo comunicarnos. Gracias a una idea de Carl Sagan, las *Voyager* llevan cada una un disco fonográfico de cobre con información científica sobre nosotros, así como grabaciones de saludos en 60 idiomas y hora y media de sonidos musicales. Son tarjetas de presentación de una Humanidad que en cierto modo quiere dejar de estar aislada en el Universo.

La *Pioneer 10* viaja rumbo a la estrella Aldebarán, que se encuentra a unos 68 años luz de distancia de nosotros. A la velocidad que lleva, no llegará allí antes de 2 millones de años. Y yo me pregunto: ¿la encontrará alguien algún día?

Para saber más

Drake, Frank; y Sobel, Dava [1992]: *Is anyone out there? The scientific search for extraterrestrial intelligence*. Souvenir Press. Londres 1993. xv + 272 páginas.

Sagan, Carl [1980]: *Cosmos* [*Cosmos*]. Trad. de Miquel Muntaner i Pascual y María del Mar Moya Tasis. Editorial Planeta. Barcelona 1982. 366 páginas.

Nessie, el Yeti
y demás familia[1]

Eduardo Angulo

Son los monstruos de nuestras pesadillas. Son el objeto de estudio de una pseudociencia, la criptozoología. Y no existen, son un error o un fraude. El Yeti, Nessie y todos los demás son un invento malintencionado para beneficio de algunos, pero para otros muchos representan el anhelo de una vida diferente, sin rutina y maravillosa.

El Yeti tiene una numerosa familia, desde su primo americano y famoso, el Bigfoot, hasta el Basajaun que habita los bosques vascos y el Jan de Gel catalán. El Bigfoot está basado en el Sasquatch de los indios del Oeste de Estados Unidos y algunos aseguran que su pariente indonesio, el pequeño Orang Pendek, es el recién descubierto Hombre de Flores, también de pequeña estatura. Todos ellos forman parte de la saga de los hombres salvajes, peludos y perdidos que habitan las leyendas de los bosques de todo el planeta.

---

[1] Este capítulo es una síntesis del libro *Monstruos. Una visión científica de la criptozoología*, de Eduardo Angulo y publicado por 451 Editores. Para más información, se puede contactar con el autor en eduardo.angulo@ehu.es.

Nessie es familia de los monstruos que, según los criptozoólogos, viven en unos trescientos lagos del planeta. Desde Suecia a Argentina, desde Turquía a Canadá, hay parientes del monstruo del lago Ness. En el lago Nahuel Huapi, en Argentina, se ha visto y fotografiado a Nahuelito, y en el lago Champ, entre Nueva York y Vermont, en Estados Unidos, vive Champie. Dinosaurios, anguilas gigantes y enormes serpientes de mar, todos son parientes de Nessie, que, según las últimas noticias, es un plesiosaurio.

Estos misteriosos y escurridizos seres son el objeto de deseo y de estudio de la criptozoología. En 1960, el extraordinario Hergé publicó *Tintín en el Tíbet*, en el que no podían faltar el Yeti y sus escandalosos encuentros con el capitán Haddock. El Yeti de Hergé es, obviamente, peludo y gigantesco, tiene pies y manos como nosotros, y llama la atención por su cabeza de perfil cónico. Es un calco del *Dinanthropoides nivalis*, nombre sensacional para el terco empeño en clasificar lo que no existe. Carolus von Linnaeus, Linneo en traducción castellana, convencido de que Dios era responsable de todas las plantas y animales que en nuestro mundo hay, se propuso ordenar y clasificar toda la divina creación. Para ello estableció que cada planta y animal recibiera dos nombres que lo identificaran para siempre, algo así como su nombre y apellido, uno para el género y otro para la especie. Y, de esta manera, para Linneo nosotros somos *Homo sapiens* Linné 1758. Colocamos, detrás del nombre del animal o planta, el nombre de quien así lo denominó y el año en que lo hizo. El Yeti que se encuentra con Tintín y el capitán Haddock será el *Dinanthropoides nivalis* Heuvelmans 1958. La respuesta de quién es Heuvelmans nos llevará a definir la criptozoología.

La ciencia de los animales ocultos

Bernard Heuvelmans nació en Le Havre (Francia) en 1916, aunque vivió en Bélgica desde muy joven, y falleció en 2001 en Le Vesinet. Era amigo de Hergé, por lo que el creador de Tintín estaba muy bien informado de los descubrimientos e ideas del criptozoólogo. En 1958, Heuvelmans, basándose en los restos conocidos del Yeti que más adelante analizaré y en las múltiples descripciones difundidas desde principios del siglo XX, publicó un artículo en *Sciences et Avenir* en el que lo describía y lo nombraba *Dinanthropoides nivalis*. Dos años después, en 1960, su amigo Hergé popularizaba el monstruo en *Tintín en el Tíbet*. También fue Heuvelmans el creador de la criptozoología, proponiendo su definición y los estudios que abarca. El término aparece por primera vez en su libro *Sur la piste des bêtes ignorées*, publicado en 1955, traducido al inglés en 1958 y que alcanzó gran popularidad entre los aficionados al esoterismo. Según la definición aceptada en la actualidad, la criptozoología es la ciencia que se ocupa del estudio de los animales ocultos. Su nombre se compone de los términos griegos χρυπτος (oculto), ζωον (animal) y λογια (estudio). Los animales ocultos son aquéllos únicamente conocidos por indicios considerados insuficientes para la ciencia —como testimonios orales, huellas, fotografías…— y que por ello no han sido catalogados oficialmente. No son las microscópicas especies de insectos que viven en el suelo ni los innumerables individuos del fitoplancton y el zooplancton los que interesan a los criptozoólogos; son más bien los animales enormes y sensacionales, que también deben satisfacer nuestro sentido de la sorpresa y de la maravilla, los que ocupan sus pensamientos y debates. Como dejó claro Heuvelmans, los monstruos de los criptozoólogos no sólo son especies animales, sino que además deben ser mitos.

A lo largo de su corta existencia de medio siglo, la criptozoología se ha ocupado de asuntos tan diversos como la serpiente de mar, de gran tradición en los antiguos bestiarios; el Kraken, monstruo marino que quizá se refiera al calamar gigante o *Architeuthis*, pero que los criptozoólogos identifican con el *Octopus giganteus*, pulpo gigante que nadie ha encontrado; el chupacabras, salvaje asesino que actúa en Latinoamérica y en las comunidades hispanas del sur de Estados Unidos, del que no se sabe si es un misterioso insecto carnívoro gigante o un más cotidiano y terrorífico alien; y, finalmente y por terminar con los ejemplos, el Mokele-mbembe, una especie de brontosaurio que, después de su extinción oficial hace 65 millones de años, todavía se dice que vive en los pantanos de Zimbabwe.

Además, en su afán de dar una pátina científica a su afición, los criptozoólogos se apropian de animales cuyo descubrimiento y estudio no tienen nada que ver con sus desvelos. Por ejemplo, del ya mencionado *Architeuthis*, calamar gigante que pudo ser el origen de las leyendas sobre el monstruo marino llamado Kraken, pero que fue catalogado y estudiado en detalle por el zoólogo danés Japetus Steenstrup hacia 1850, año en que publicó varios artículos sobre su taxonomía. También el celacanto es reivindicado por los criptozoólogos. Este pez, que se creía extinguido desde el Cretácico, hace 65 millones de años, fue encontrado en Sudáfrica por Marjorie Courtenay-Latimer en 1938 y clasificado por el prestigioso ictiólogo sudafricano J.L.B. Smith con el nombre *Latimeria chalumnae*. Los criptozoólogos alegan que, ya que el celacanto se creía extinguido y a pesar de ello se ha encontrado vivo, ¿por qué no puede ocurrir lo mismo con el plesiosaurio y el monstruo del lago Ness, el brontosaurio y el Mokele-mbembe?

El okapi, una jirafa enana con aspecto de antílope que vive en los bosques de Ituri, en Congo, se ha convertido en un símbolo para los criptozoólogos, a pesar de haber sido descubierto y catalogado a principios del siglo xx, cincuenta años antes del nacimiento de la criptozoología. Pero el okapi fue descrito por primera vez por una piel y un cráneo, es decir, por unos restos, y no por el animal completo. Sin embargo, los restos que los criptozoólogos presentan para probar la existencia de alguno de sus animales se ha demostrado que son falsos o, como poco, muy sospechosos.

Tras este rápido repaso de la criptozoología y de los asuntos que la interesan, pasemos a un examen en profundidad de esta pseudociencia por medio de sus dos más grandes estrellas: el monstruo del lago Ness y el Yeti.

Una carretera para un monstruo

El Loch Ness es un lago situado en el norte de Escocia, cerca de Inverness, de origen glaciar, con una profundidad media de unos 200 metros —con el máximo en 278 metros—, una longitud de unos 45 kilómetros y una anchura de unos 2,5 kilómetros. Es, pues, un lago estrecho, largo y profundo.

En 1933 se construyó la carretera que une Inverness y Ft. Augustus, en ambos extremos del lago, y que lo recorre de nordeste a sudeste por la orilla norte. Con la carretera llegaron los turistas, las cámaras de fotos y las imágenes y descripciones del monstruo del

La famosa, y fraudulenta, fotografía de Nessie de 1934.

lago Ness, que pronto fue conocido familiarmente como Nessie. Hugh Gray obtuvo el 12 de noviembre de 1933 la primera fotografía de Nessie. Se trata de algo difícilmente identificable que, por lo relatado por los testigos, flotaba y se agitaba en la superficie del lago. Ese mismo año, un cazador profesional y un fotógrafo visitaron el lago para obtener una imagen de Nessie; al monstruo no lo vieron, pero encontraron sus huellas. No tardaron mucho en averiguar que habían sido falsificadas con la ayuda de una pata de hipopótamo disecada. Este hallazgo inauguró la larga, y todavía muy viva, tradición de los bromistas del lago Ness que, a lo largo de décadas, se han dedicado con obstinación a fabricar todo tipo de pruebas falsas sobre la existencia de Nessie para regocijo propio y desolación de los creyentes.

Ya en las leyendas de los pictos, en tiempos del Imperio Romano, se hablaba de un monstruo en el lago. Era una bestia peligrosa que, según la tradición, se transformaba en un hermoso caballo blanco que cabalgaba sobre la superficie del agua, atraía a sus víctimas y las devoraba sin compasión. Entonces no se conocían los dinosaurios; en cambio, los caballos eran animales suficientemente conocidos por los pictos.

El primer testimonio escrito nos cuenta que el 22 de agosto del año 565 san Columba —o Colomba— se enfrentó al monstruo del lago Ness. Así aparece en *Vita Columbae*, la biografía del santo escrita por Adomnan, noveno abad del convento de la isla de Iona, en Escocia, y muerto en el año 704. El monasterio había sido fundado siglo y medio antes por san Columba cuando llegó desde la cristiana Irlanda para evangelizar a los pictos. Adomnan nos relata que el santo llegó al lago Ness en el momento en que los lugareños enterraban a una víctima del monstruo. Columba, indignado, montó en una barca y se internó en el lago hasta que localizó a la bestia, a la que increpó al grito de: «¡Detente! ¡Nunca más tocarás a un hombre!». Y así ha sido, pues Nessie nunca ha protagonizado más incidentes violentos. Los pictos, admirados del hecho, volvieron los ojos al Dios de san Columba y se convirtieron al cristianismo.

Fue en los años 30 del siglo pasado, tras la construcción de la carretera de Inverness, cuando empezaron los avistamientos y las fotografías. La más famosa se tomó el 19 de abril de 1934. El autor, Robert K. Wilson, la publicó en el *Daily Mail* y desde entonces es conocida como *la fotografía del cirujano*. Wilson era ginecólogo y no cirujano, pero el periodista pensó que esta especialidad daba más empaque a la noticia y como tal llegó al público. En la imagen se ve un largo cuello rematado por una cabeza estrecha, pequeña y alargada; el conjunto sugiere un animal de gran tamaño, nadando en el lago, que saca la cabeza para vigilar el entorno y respirar. En resumen, un plesiosaurio, según los más reputados criptozoólogos. Wilson no hizo, en toda su vida, ninguna declaración sobre la fotografía. Se llevó el secreto a la tumba.

Años más tarde, en 1994, Chris Spurling reveló que la famosa *fotografía del cirujano* era un fraude montado por él mismo y Marmaduke Wetherell, quienes, tras ser contratados por el *Daily Mail* para demostrar la existencia de Nessie, encontraron una manera rápida de conseguirlo: un montaje. Los timadores sujetaron la estructura que simulaba el cuello y la cabeza de Nessie sobre un submarino de juguete y lo lanzaron al lago. Al primer intento, el artilugio zozobró, pero en sucesivos ensayos flotó y pudieron sacar la famosa imagen. Incluso las ondas que aparecen en la fotografía se utilizaron como escala para calcular la envergadura del monstruo, cuando todo el montaje no alcanzaba los 30 centímetros de altura. Esta imagen todavía se emplea en textos y documentales como prueba irrefutable de la existencia del monstruo del lago Ness.

El lago ha atraído, durante casi un siglo y sobre todo a partir de 1960, a multitud de curiosos, turistas, fanáticos y embaucadores. Esas visitas han convertido al lago Ness en el segundo lugar más visitado de Gran Bretaña, después de Londres. Cada uno de los visitantes tiene su propia historia, a veces tierna, otras melancólica, indignante, ilusionada o, sin más, triste y lamentable.

Tim Dinsdale era un ingeniero aeronáutico que abandonó su carrera para seguir un modo de vida más cercano a la naturaleza. Además, era un entusiasta de Nessie. Entre 1960 y 1987 organizó 56 expediciones para demostrar su existencia. El 23 de abril de 1960, hacia las 9 de la mañana y cerca de la desembocadura del río Foyers, uno de los arroyos que descarga en el lago, filmó al monstruo con una cámara de 16 milímetros. La película muestra una joroba oscura que se mueve lentamente por la superficie del lago, después gana velocidad y finalmente se sumerge. Los analistas de la época, entre ellos expertos del Centro de Reconocimiento Aéreo de la RAF, estudiaron la película y llegaron a la conclusión de que el objeto medía metro y medio, se movía a unos 16 kilómetros por hora y era «probablemente viviente». Sin embargo, todos los análisis serios recientes coinciden en que el objeto es una pequeña barca de pesca filmada en unas muy malas condiciones de luz y distancia.

En 1969 llegó al lago Frank Searle, un veterano del ejército de 48 años, persiguiendo un sueño que al final se le fue de las manos y terminó en tragedia. En su afán de ver al monstruo y demostrar sin discusión posible su existencia, vivió durante años en una caravana junto a lago, sin apartar un segundo ni su vista ni su obsesión de la superficie del agua. Después de muchos años y decepciones —y, según el propio Searle, de 20.000 horas de observación—, por fin, entre 1972 y 1976 consiguió las imágenes que en su opinión demostraban la existencia de Nessie. En una de ellas, similar a *la fotografía del cirujano*, se ven el cuello largo y la cabeza habituales y, como novedad, justo detrás del cuello, una especie de joroba que sobresale del agua. Las fotografías se publicaron y alcanzaron una enorme popularidad. Fueron vistas por muchas personas y algunas de ellas recordaron una serie de postales de dinosaurios que se habían publicado tiempo atrás, una de las cuales incluía la imagen descrita. La fotografía era un fraude.

Nessie no aparecía en la imagen. Searle aguantó hasta 1985 en el lago y, repentinamente, desapareció. Se creyó que se había suicidado, y así se publicó, pero lo cierto es que murió veinte años después, en 2005, a los 84 años, en su cama en una triste habitación en la pequeña población de Fleetwood, en el Condado de Lancashire. Le acompañaban media docena de gatos.

También en la década de los 70 llegó al lago Robert Rines, de la Academia de Ciencia Aplicada de Boston, experto en patentes, con muchos dólares y el objetivo explícito de demostrar de una vez por todas que Nessie existía. Rines y su equipo fotografiaron todo lo que vieron, utilizaron cámaras de televisión submarinas y montaron una gigantesca operación para cartografiar el lago con sonar, con decenas de barcos recorriéndolo de un extremo a otro, con las embarcaciones en línea de una orilla a la otra para evitar que Nessie pudiera escabullirse. La infructuosa vigilancia de la superficie, que durante décadas no había proporcionado ninguna prueba de la existencia de Nessie, dejaba paso a la más moderna y tecnológica exploración submarina, con todo tipo de artilugios y, sobre todo, con mucho mayor presupuesto.

Rines obtuvo en 1972 una imagen que consideró que era Nessie nadando en las profundidades del lago, con el cuello enhiesto y la pequeña y característica cabeza. Tres años después, en 1975, consiguió otra fotografía similar que le permitió dibujar, imaginativamente, con mucho detalle la cabeza y la cara, feroz, sonriente y con unos pequeños cuernos. La imagen se hizo popular como *La Gárgola*. Pero en 1987 se obtuvo en el mismo lugar una nueva fotografía que mostraba que *La Gárgola* allí seguía, inmóvil y todavía feroz y sonriente: era el tronco de un árbol, seguramente un pino, que llevaba años pudriéndose en el fondo del lago.

*Robot que una cadena de televisión británica sumergió en el lago Ness
y que hubo gente que tomó por el monstruo (Foto: Channel Five).*

El bautizo de Nessie

En 1975, Rines publicó otra sugerente imagen de Nessie. En
ella se vislumbraba una estructura romboidal coronada por una
acumulación irregular de esferas pequeñas y brillantes. Remitió
la fotografía al Laboratorio de Propulsión a Chorro de Pasadena,
en California, para su estudio. La examinaron con un sistema de
análisis de imagen que ahora consideraríamos primitivo. Después
de su aclarado, mostraba en su totalidad una estructura romboidal
que, inmediatamente, Rines consideró una aleta de Nessie. Las esferitas blancas serían el cuerpo, brillante por el reflejo de la luz de
los focos utilizados para obtener la fotografía. En resumen, según

las imágenes obtenidas por Rines, Nessie tenía un cuerpo cilíndrico y largo, con una cola cónica, un largo cuello y una pequeña cabeza en su extremo. Cuatro aletas romboidales le permitirían nadar por el lago. Años más tarde se descubrió que la imagen original, la del perfil romboidal y las esferitas blancas, correspondía a un grupo de burbujas subiendo hacia la superficie. La descomposición de materia vegetal en el fondo del lago provoca, sobre todo en verano, la emisión de gases en cantidades considerables.

Sir Peter Scott (1909-1989) era, en los 70 del siglo pasado, un prestigioso ornitólogo, conservacionista y pintor de la naturaleza, muy conocido y respetado en el Reino Unido. Fundó el Fondo Mundial para la Vida Salvaje —ahora llamado Fondo Mundial para la Naturaleza— y diseñó su famoso logotipo con un oso panda. Las imágenes de Frank Searle y de Robert Rines le convencieron de la existencia real del monstruo del lago Ness y, preocupado por su supervivencia ante la avalancha de turistas, cazadores y científicos deseosos de capturarlo, propuso catalogarlo para la ciencia. Así, según las leyes británicas de protección de especies en peligro de extinción, Nessie podría ser declarado especie protegida. Para ello, Scott y Rines escribieron un artículo, publicado en *Nature*, y nombraron a Nessie como *Nessiteras rhombopteryx*, es decir, *la maravilla del Ness con aletas en forma de rombo*. Todo el tinglado se basaba en imágenes que, antes o después, se descubría que eran errores, como la fotografía de Rines, o directamente fraudes, como la publicada por Searle.

Por muchas imágenes que se hayan publicado de Nessie, ninguna de ellas ha resistido el paso del tiempo ni ha sido corroborada por pruebas más sustanciales. Me resisto a dejar de mencionar una de las más curiosas, que algunos atribuyen a Searle, en la que se ve la pequeña cabeza, el largo cuello y dos jorobas detrás, todo ello asomando a la superficie del lago. Para evitar que se descubriera que era un fraude sin más apelativos, se adelantó algún interpretador de imágenes y propuso que lo que se veía era la espalda, la cabeza y la trompa de un elefante atravesando a nado el Loch Ness. El origen del elefante es objeto de controversia; quizá se escapó de un circo.

El Loch Ness es una masa de agua con muy baja productividad. Estrecho, largo, muy profundo y con escasos aportes externos, no permite el desarrollo de un fitoplancton abundante, base de la cadena trófica en cuya cúspide se encontraría Nessie como animal de gran tamaño y depredador. Los cálculos publicados suponen que la productividad del lago permite una población de unos 150 Nessies, si cada uno pesa 100 kilos, o de únicamente 10 si pesan 1.500 kilos. Esta última posibilidad es la que más se acerca a las descripciones de los testigos, pero, de ser cierta, supondría que la especie está en peligro de extinción por falta de individuos para formar una población estable y reproductivamente viable. Además, 10 Nessies de 1.500 kilos deberían dar para muchos más avistamientos y para algún resto tangible. Carecer de pruebas directas de la existencia de Nessie, teniendo en cuenta todos estos cálculos y siglos de testimonios, va contra todas las leyes del azar y supone una irresistible mala suerte.

No hay restos, las fotografías son errores o fraudes, y las descripciones son confusas y poco fiables. No hay pruebas y Nessie no existe. Lo que no evitará que haya quien siga buscando. Y no sólo en Escocia, también en el resto del mundo. En la *Wikipedia*, la expresión *lake monsters* lleva a un texto que dice que hay monstruos en 76 lagos de 17 países, con el *record* absoluto para Suecia, con 26 lagos con avistamientos. En otras webs se citan cerca

de 300 lagos con monstruo. Entre ellos, están Champie, del lago
Champlain, situado entre Nueva York y Vermont, en Estados Unidos; Memphre, que vive en el lago Memphremagog, en Canadá;
Cressie, en el Crescent, en Terranova, también Canadá; Tessie, en
el Tahoe, en Estados Unidos; Bessie, en el lago Erie, entre Estados
Unidos y Canadá; Storsie en el lago Storsjon, en Suecia; Ogopo-
go, en el lago Okanagan, en Canadá; y Nahuelito, el monstruo del
lago Nahuel Huapi, en Argentina. Podríamos seguir páginas y páginas. Como ven, muchos de estos monstruos tienen hasta apodos
cariñosos. Son los que, además de que nadie consigue capturar,
se han convertido en atracciones turísticas y reportan cuantiosos
ingresos a los lugareños. Según los testimonios publicados, estos
monstruos son tortugas gigantes, anguilas larguísimas, esturiones
de talla no conocida hasta ahora, serpientes de mar y, obviamente,
plesiosaurios como Nessie o algún otro tipo de dinosaurio.

Desde este punto de vista, es interesante la historia de Nahuelito, el primo argentino de Nessie. En realidad, es el primer dinosaurio citado en un lago, antes incluso que el monstruo escocés.
En 1922, Clemente Onelli, director del Zoológico de Buenos Ai-
res, recibió un informe sobre unas extrañas huellas en un lago de la
Patagonia. El informador, un buscador de oro estadounidense llamado Martin Sheffield, había visto un animal de cuello muy largo
y cuerpo de reptil. La descripción era muy parecida a la utilizada
por Arthur Conan Doyle en *El mundo perdido* para un monstruo
que también vivía en un lago. Esta novela, publicada en 1912, era
ya enormemente popular en todo el mundo e influyó tanto en el
avistamiento en el lago Nahuel Huapi como en la descripción del
monstruo que llegó hasta Onelli. Para determinar si el monstruo
existía o no, el Zoológico organizó una expedición al lago que,

dirigida por José Cihagi, superintendente de la institución, fracasó en su intento. La noticia apareció en el número de julio de la revista *Scientific American*, en el que Leonard Matters comentaba que, «si el monstruo existía, se había ido a algún lugar desconocido». Once años antes del salto a la fama de Nessie, ya existía en otro continente un dinosaurio que vivía en un lago.

Un homínido en el techo del mundo

Es el monstruo de las montañas, de la nieve y del hielo, de los profundos y sombríos bosques de altura en los que se alimenta y se esconde. Del Yeti no tenemos fotografías, abundantes para el monstruo del lago Ness, pero sí casi tantas descripciones como expediciones han ido a los macizos montañosos del centro de Asia. Y también hay huellas y restos anatómicos.

Hay descripciones del Yeti desde muy antiguo. Así, en la epopeya hindú del *Ramayana*, fechada hace unos 4.000 años, Surpanakha, una mujer del pueblo de los bosques, se enamora del príncipe Rama e intenta conquistarle ofreciéndole la paz de los bosques en los que vive su pueblo. Surpanakha es descrita como una mujer salvaje, peluda y de violento comportamiento.

Citas de hombres salvajes y peludos hay en muchas culturas, en libros antiguos, como veremos en Mongolia, y en textos de científicos conocidos, como es el caso de Linneo. En 1958, el antropólogo Emanuel Vlcek, miembro de una expedición antropológica a Mongolia, encontró en dos antiguos libros tibetanos, editados a finales del siglo XVIII en Pekín, ilustraciones con la imagen de unos primates peludos que tenían pies y manos como los nuestros. En el mismo siglo XVIII, pero en el otro extremo del continente, en Suecia, Carolus von Linnaeus se encontró también con el Yeti, con más precisión, con los hombres salvajes y peludos. Los llamó *Homo ferus* y *Homo troglodytes*, y también incluyó en el género *Homo* al orangután, al que llamó *Homo sylvestris*. Sin embargo, ante la falta de pruebas y el hecho de considerarse blasfemo incluir otras especies junto al hombre, *Homo ferus* y *Homo troglodytes* fueron eliminados del *Systema Naturae* por Johann Friedrich Gmelin, editor y corrector de la decimotercera edición, en 1789, once años después de la muerte de Linneo. Así, según los criptozoólogos, desapareció el Yeti de la ciencia oficial.

Hace un siglo, los ingleses, empujados por su espíritu imperial y a la vez deportivo, comenzaron a internarse en el Himalaya y se toparon con el Yeti. Y empezaron a difundirse los relatos sobre su existencia, a menudo partiendo de las tradiciones y leyendas de los monjes tibetanos, de los *sherpas* y de otros pueblos que viven en los enormes macizos montañosos de Asia central. El testimonio más extraordinario y enigmático llegó el 9 de noviembre de 1951 cuando Eric Shipton y Michael Ward, miembros de una expedición al Everest, encontraron en el glaciar Menlung, a 5.500 metros de altura, un largo rastro de pisadas en la nieve, que atribuyeron al Yeti. El lugar, llamado Rolwaling, está situado al este de Nepal, cerca de la frontera de Tíbet y no muy lejos del Everest. En la serie de fotografías que tomó, Shipton utilizó como escala el piolet y la mochila de Ward, y por ello es fácil calcular el tamaño de las huellas: unos 33 centímetros.

El médico Michael Ward pasó el resto de su vida buscando pruebas irrefutables de la existencia del Yeti. No las consiguió. En 1997 publicó un artículo en la revista *Wilderness and Environmental*

*Huellas del Yeti descubiertas en el Himalaya
por Eric Shipton y Michael Ward en 1951.*

Medicine que trataba del mito y de la realidad del Yeti, en el que, en un tono entre la objetividad científica y la desolación de una vida dedicada a un objetivo inalcanzable, acaba admitiendo que el hombre de las nieves es una ilusión. En ese texto, al contrario que en sus trabajos anteriores, no intenta demostrar que el Yeti es quien causó el rastro de pisadas, sino dar con qué o quién pudo hacer las huellas que Shipton y él encontraron, fotografiaron décadas atrás y atribuyeron al monstruo. Como autores de las huellas se han propuesto osos y monos, aunque es difícil que estos animales puedan marchar erguidos sobre las patas traseras más de un kilómetro. Ward cree que el rastro fue hecho por los *sherpas* que viven en aquellas montañas. Según él, su costumbre de andar descalzos sobre la nieve y el hielo les causa heridas y deformaciones en los pies que pudieron dar lugar al famoso rastro, con sus extrañas huellas.

No muy lejos del glaciar Menlung se encuentra el monasterio de Pangboche, también en Nepal, donde los lamas conservan el cuero cabelludo y la mano del Yeti, según la tradición. Desde que estas reliquias fueron conocidas por los exploradores occidentales que se acercaban a aquellas montañas, han sido objeto de controversia. En 1958, el millonario petrolero texano Terry Slick financió una expedición al Himalaya para demostrar la existencia del Yeti. El miembro de la expedición Peter Byrne llegó a Pangboche y pidió a los monjes que le prestaran sus reliquias para llevarlas a Europa y someterlas a análisis. Los monjes se negaron, pero Byrne no se amilanó y robó algunos huesos de la mano y pelos. Con la ayuda del actor James Stewart y de su mujer Gloria consiguió sacar los restos de India y que llegaran a Londres. Después del estudio de las muestras, los expertos concluyeron que la mano era de un leopardo con el añadido de algunos huesos humanos. Las muestras originales han desaparecido y no se puede repetir el análisis. En cuanto al cuero cabelludo, los analistas ya declararon en aquella época que pertenecía a la cabra del Himalaya (*Capricornis sumatraensis*). Los lamas habían colocado piel de este animal sobre un molde de madera para conseguir el cráneo cónico que se atribuía al Yeti y que Heuvelmans

*Supuesto cuero cabelludo del Yeti guardado en el monasterio
de Khumjung, en Nepal (Foto: Nuno Nogueira).*

utilizó en 1958 como característica peculiar del *Dinanthropoides nivalis*, el mismo que dibujó Hergé en *Tintín en el Tíbet*.

Después de aclarar que el cráneo del Yeti es de una cabra y
su mano de un leopardo, vamos a viajar hasta Estados Unidos para
seguir investigando el misterio.

'El hombre de hielo de Minnesota'

En 1968 recorría las carreteras de Minnesota (Estados Unidos) un camión frigorífico conducido por Frank Hansen. En su
interior, y para ser exhibido de feria en feria, viajaba un enorme
cajón de plástico, parecido a un ataúd no sólo por la forma, sino

también porque dentro había un cadáver congelado. Según Hansen, el cuerpo, llamado en los carteles de la exhibición *El hombre de hielo de Minnesota*, era enorme y peludo, parecido a un chimpancé y procedía de Asia, aunque en otra versión alternativa y simultánea aseguraba que lo habían matado en Estados Unidos cuando atacó a una mujer. A través del hielo, se vislumbraba que el cuerpo presentaba varios agujeros de bala en la cara y en una pierna, y parecía tener un brazo roto.

En diciembre de aquel año, Heuvelmans y su colega el criptozoólogo Ivan Sanderson visitaron a Hansen para pedirle permiso para estudiar el cadáver. Hansen les dejó estudiar, dibujar y fotografiar su medio de vida, pero siempre a través del hielo, pues no les permitió descongelar el cuerpo. Para Heuvelmans, correspondía a un hombre de Neandertal capturado y asesinado en el sudeste de Asia y transportado a Estados Unidos para su exhibición pública. En aquella época, el criptozoólogo defendía que el Yeti formaba parte de una población de neandertales que no se había extinguido y vivía confinada en el duro ambiente de las montañas del centro de Asia. Sin embargo, en 1969 publicó en la revista del Real Instituto de Ciencias Naturales de Bélgica una descripción del cadáver del *hombre de Minnesota* y lo clasificó como *Homo pongoides,* aunque poco después volvió a cambiar de opinión y regresó a la hipótesis del neandertal, llegando a considerar una subespecie al espécimen de feria (*Homo neanderthalensis pongoides*).

Desde el principio se sospechaba que todo el montaje de Hansen era un fraude. Se habló de Hollywood, pues en 1968 se estrenó *El planeta de los simios*, cuyo estupendo maquillaje valió un Oscar a su autor, John Chambers. Todo el asunto acabó súbitamente en cuanto entraron en escena las autoridades científicas y policiales. Cuando la Institución Smithsoniana, la Policía y el FBI iban a actuar, Hansen y su *hombre de hielo* desaparecieron. Nunca más se supo de ellos. Un final oportuno para un asunto lleno de sospechas. Años después, Hansen admitió que su *cadáver* era un fraude modelado por «unos amigos que tenía en Hollywood». Ya anciano, se ganaba la vida exhibiendo por las ferias de los pueblos el tractor John Deere «más viejo del mundo» y no le gustó en absoluto tener que recordar la época del *hombre de Minnesota*.

Años más tarde, Heuvelmans cambió nuevamente de opinión y propuso que el *hombre de hielo* era un *Gigantopithecus*, primate de más de 2,5 metros que se considera extinguido hace medio millón de años. Heuvelmans ya había apuntado en 1952 que el Yeti era un *Gigantopithecus*. Es evidente que los criptozoólogos no se ponen de acuerdo ni en el número de *Yetis* diferentes que viven en las montañas de Asia, aunque el mayor consenso está en que hay tres especies por lo menos.

El *Gran Yeti* mide entre 2 y 2,75 metros, sus pies superan los 30 centímetros, tiene cejas prominentes y pelaje de rojizo a pardo o grisáceo. Vive en el sur de China, Vietnam, Laos, Birmania y Malasia, y entre los 3.000 y los 4.000 metros en Tíbet y el norte de Nepal, Sikkim y Bután. Se ha sugerido que es un *Gigantopithecus* o algún descendiente de éste. El *Pequeño Yeti*, de talla modesta, es el más famoso. Vive en Nepal, Sikkim y el norte de India. Heuvelmans, en 1955 y 1958, lo llamó *Dinanthropoides nivalis*, y es el que dibujó Hergé en *Tintín en el Tíbet*. Es rechoncho y tiene la talla de un hombre, entre 1,70 y 2 metros, con pelaje espeso y rojizo, pies de unos 25 centímetros y el típico cráneo ovoide. Una propuesta más prosaica lo clasifica como un mono rinopiteco, en concreto el *Rhinopithecus roxellanae*, cuya área de distribución incluye Tíbet oriental, China occidental y quizá Nepal. El tercer Yeti sería el llamado *Hombre salvaje*, del género *Homo*, con un área de distribución muy amplia. Su modelo sería *el hombre de hielo de Minnesota* y fue nominado por Heuvelmans en 1969 como *Homo pongoides* y rectificada su clasificación en 1974, por Heuvelmans y Boris Porchnev, como *Homo neanderthalensis pongoides.* Además, entre los tibetanos se habla también de otro Yeti, enorme y monstruoso, de unos 4 metros, que viviría en grupos por encima de los 4.000 metros. Antropófago y peligroso, ha sido descrito muy pocas veces.

El antropoide norteamericano

En Estados Unidos hablar del Yeti no causa asombro, pues tienen su propio antropoide, el Bigfoot, trasunto moderno del más antiguo e indígena Sasquatch. Habitante de los bosques húmedos y fríos del noroeste de Estados Unidos y del vecino Canadá, el Bigfoot es un mono enorme, bípedo, muy parecido al Yeti y con testimonios de su presencia desde principios del siglo XIX, cuando los anglosajones —que no españoles y rusos, que por aquellas costas se movían hace años— llegaron en cantidad a la costa occidental de Norteamérica y, a la vez, hicieron famoso al indígena Sasquatch, criatura misteriosa y terrible de los bosques y protagonista de las tradiciones de los indios. Quien quiera conocer el miedo y el terror del Sasquatch, que lea el angustioso cuento de Algernon Blackwood titulado *El Wendigo*. Si le gusta pasar miedo, no se arrepentirá.

Fue a partir de julio de 1924 cuando el Bigfoot se hizo famoso en todo Estados Unidos. En un lugar que, con toda propiedad, más adelante se llamó Ape Canyon (cañón del simio), situado en Kelso, cerca del monte Santa Helena (Washington), en el noroeste de Estados Unidos, un grupo de monos peludos y violentos atacó a cinco buscadores de oro. En la refriega, uno de los mineros, Fred Beck, mató uno de los Bigfoots y arrojó el cadáver por un barranco. Los mineros acamparon en una cabaña situada junto a la ladera de un monte y, durante la noche, fueron atacados con grandes piedras que casi destrozaron la choza e hirieron a alguno de ellos. El suceso acabó en los periódicos y el Bigfoot comenzó su carrera hacia la fama. En 1967, el hijo de Fred Beck, Roland Beck, dio a conocer una versión actualizada de la trifulca de los mineros con los Bigfoot, contada directamente por su padre tras 43 años de silencio. Según su relato, ellos atacaron a los Bigfoot y, por la noche, éstos contraatacaron, pero con piedras pequeñas y nadie resultó herido. Fue un compañero suyo, identificado como Hank, quien disparó e hirió a un Bigfoot. Los *hombres peludos*, como los llama Beck, se asustaron y escaparon. Al volver a Kelso, aunque habían acordado mantener el incidente en secreto, no fueron capaces de ello y la historia llegó a la prensa. Como dijo Beck, «así comenzó la cacería del gran mono peludo». Cuando se preguntó al minero acerca de la naturaleza de los monos, respondió con convencimiento que «son seres psíquicos» y que, cuando se manifiestan, lo hacen «como resultado de una sustancia energética que les rodea». Por eso sólo es capaz de ver al Bigfoot quien está preparado para ello. Quien no cree, no ve; sólo quien cree es capaz de ver. Y no hay más que decir.

En 1958, en Bluff Creek, en el condado de Humboldt (California), el Bigfoot se convirtió en una estrella de los medios. Y eso que nadie lo vio. Estaban construyendo una carretera a través de

*Fotograma de la película de un Bigfoot hecha por los vaqueros
Roger Patterson y Bob Gimli en 1967 en California.*

un bosque de los típicos del Bigfoot y encontraron decenas de
huellas de un animal grande y desconocido para los cazadores de
la comarca. El periodista Jerry Crew hizo un molde del rastro, conocido desde entonces como *la huella de Crew*, y publicó la noticia. El Bigfoot llegó así a todos los rincones de Estados Unidos y se
hizo extraordinariamente popular. En 2002, David Wallace decla-

ró que fue su abuelo Ray quien marcó las huellas en Bluff Creek utilizando las chanclas de un amigo que gozaba de unos pies planos de extraordinario tamaño. Así acabó la historia del Bigfoot de Bluff Creek.

Para Grover Krantz, de la Universidad del Estado de Washington, el Bigfoot es un *Gigantopithecus* y, en consecuencia, el *hombre de hielo de Minnesota* no es un Yeti, es un Bigfoot, y su origen está en el continente americano y no en Asia. Para más confusión, Gordon Strasenburgh, de North Bend (Oregon) y experto en la evolución humana, asegura que el Bigfoot es un *Paranthropus*, género de monos antropoides que está situado hace millones de años en el tronco de nuestro árbol filogenético y que, para una mayor imposibilidad, nunca se ha encontrado fuera de África.

Después de nuestro viaje para conocer al primo americano del Yeti, volvamos a Asia. En 2004 apareció una de las investigaciones más interesantes publicadas sobre el Yeti. Años antes, en 1992, el explorador Peter Matthiessen recogió en Nepal, cerca de la frontera con Tíbet, unos pelos rizados que los guías locales que le acompañaban identificaron como pertenecientes al Yeti. Cuando se analizaron, se concluyó que pertenecían a un caballo. Para resolver si se trataba de pelos del Yeti o de un caballo, Michel Milinkovitch, de la Universidad Libre de Bruselas, Aldagisa Caccone, de la Universidad de Yale, y George Amato, de la Sociedad para la Conservación de la Naturaleza de Nueva York, se ofrecieron a hacer un análisis del ADN de los restos. Asombrosamente, los pelos no eran de un perisodáctilo —como el caballo, la cebra y el burro—, pero sí de algo parecido. Sin embargo, la descripción morfológica del Yeti, obtenida a través de los precisos informes del capitán Haddock, publicados en el texto seminal *Tintín en el*

Tíbet, demostraban un parecido asombroso del Yeti con el grupo de los primates. Para los autores se había producido un extraordinario caso de convergencia evolutiva en el que, quién sabe por qué presión selectiva, alguna especie de caballo del Himalaya había evolucionado hasta parecer un mono de gran tamaño. Para entendernos, un caso parecido de evolución son las alas de aves y murciélagos: ambas estructuras sirven para cumplir la misma función, aunque los grupos de aves y murciélagos, que son mamíferos, no tengan relación entre sí. El artículo con los resultados de esta investigación se publicó, con gran éxito, en la revista *Molecular Phylogenetics and Evolution*. Apareció en el número correspondiente al 1 de abril de 2004, equivalente a nuestro 28 de diciembre.

Al igual que Scott y Rines clasificaron el monstruo del lago Ness para incluirlo en las leyes británicas de protección de especies, el Gobierno de Nepal declaró hace años al Yeti especie protegida bajo el nombre de *Dinanthropoides nivalis* Heuvelmans 1958. No importa que no haya pruebas de la existencia del Yeti: los restos físicos pertenecen a otros animales, las escasas huellas encontradas no son fiables, y los testimonios basados en avistamientos son, como en el caso del monstruo del lago Ness, fragmentarios e irreconocibles.

Dinosaurios entre nosotros

Abundante familia es la que tienen Nessie y el Yeti. Hay calamares, pulpos, serpientes de mar, serpientes sin más, tortugas gigantes, plesiosaurios, pterodáctilos, brontosaurios y más dinosaurios, muchos dinosaurios. Aunque no se sabe muy bien cómo ocurrió, entre el Cretácico y el Terciario, hace 65 millones de años, desaparecieron todos los dinosaurios tras el choque de un asteroide. Sin embargo, esos animales ejercen una increíble fascinación sobre nosotros. Novelistas, científicos, gente de la calle, todos adoran a los gigantescos, majestuosos, terroríficos y bestiales dinosaurios. Pero nunca han caminado con nosotros sobre la Tierra. Se extinguieron muchos millones de años antes de que nuestros antepasados comenzaran a apoyar sólo dos patas sobre el suelo en las praderas africanas. Excepto con Raquel Welch, otra criatura admirable. Con ella caminaron los dinosaurios *Hace un millón de años*.

Para los criptozoólogos, algunos dinosaurios no se extinguieron. Ya lo hemos visto con Nessie, aunque el dinosaurio más famoso de la criptozoología viene de África y es conocido como el Mokele-mbembe. Cada continente tiene alguna criatura legendaria que recuerda a un dinosaurio y así se interpretan, por ejemplo, todos los relatos y leyendas que tratan de dragones, monstruos de los lagos, serpientes de mar y bestias parecidas.

Mokele-mbembe significa, según fuentes que no se ponen de acuerdo, *arco iris*, *aquél que vive en el río*, *animal monstruoso*, *aquél que detiene el curso de los ríos*… Los relatos y tradiciones de los indígenas lo sitúan desde el río Gambia en el oeste hasta el Nilo en el este y por el sur hasta Angola y Zimbabwe. Hay avistamientos y descripciones desde finales del siglo XIX, coincidiendo con la exploración y dominio de los europeos en esta parte de África. Se describe como un animal con cabeza pequeña, como de serpiente, cuello largo, cuerpo del tamaño de un elefante o un hipopótamo por lo menos, cuatro patas como grandes pilares y cola larga y poderosa. Sus huellas, en las que se distinguen tres dedos, miden de 30 a 90 centímetros de diámetro. Se le llama Mokele-mbembe en Congo, N'yamala en Gabón y Chipekwe en Angola. O quizá son animales distintos. Su hábitat es el bosque tropical y húmedo, siempre cerca de ríos y pantanos, con costumbres más o menos acuáticas. A pesar de su enorme tamaño y fuerza, se le define como un herbívoro que se alimenta de plantas del género *Landolphia*.

La descripción del Mokele-mbembe lo acerca a los dinosaurios del suborden de los saurópodos, es decir, a los brontosaurios y especies cercanas. A pesar de haberse organizado varias expediciones para certificar la existencia de este animal, el éxito ha sido más bien escaso. El herpetólogo James Powell oyó hablar del N'yamala a los indígenas de Gabón, aunque tenía noticias del dinosaurio desde 1949, y cita la muerte de uno de ellos en 1959 cerca del lago Tele, pero no se recuperó el cadáver y él ni siquiera llegó a verlo. En septiembre de 1992, el director japonés de cine documental Mitsuharo Ouda filmó, también en el lago Tele, un movimiento raro en la superficie del agua que atribuyó al Mokele-mbembe. Según la mayoría de los que han visto la película, no se distingue nada con claridad. La mayor desgracia la sufrió el cámara Marcellin Agnada, quien, durante una expedición en 1983, se encontró con el Mokele-mbembe nadando en el lago Tele. Rápidamente echó mano de su cámara y comenzó a filmar, pero, según cuenta, olvidó quitar la tapa del objetivo y no consiguió la prueba de su encuentro con el legendario animal. Éstos son los testimonios esenciales sobre la existencia real del Mokele-mbembe; además de las leyendas indígenas, siempre tan apreciadas por los criptozoólogos.

Serpientes de mar

Otros dinosaurios que sobreviven a 65 millones de años de extinción son las serpientes de mar. Un avistamiento famoso tuvo lugar en 1848, durante un viaje a la isla de Santa Elena del *HMS Daedalus* bajo el mando del capitán Peter M'Quhae, quien relató el avistamiento en una carta al Almirantazgo el 11 de octubre de ese mismo año. Frente a las costas de Namibia, una criatura serpentiforme, de unos 20 metros de longitud, fue vista durante unos minutos desde el puente del navío. La noticia causó un gran revuelo en los periódicos de Londres, y el famoso biólogo inglés Richard Owen aseguró, con los escasos datos que tenía, que se trataba de un elefante marino. Pero relatos de serpientes de mar se conocen de todos los mares y de todas las épocas. En su *Historia animalium*, Aristóteles las cita en la costa de Libia y, en lugar y tiempo más cercanos a nosotros, Ignacio Malaxecheverría, en su *Fauna fantástica de la Península Ibérica*, nos cuenta que en una antigua crónica árabe del siglo XIV, atribuida a Al-Quazwini, se dice que

> …cuando la serpiente crece y alcanza los 30 metros de largo y los 100 años de edad, le llaman dragón; y sigue haciéndose gradualmente mayor, hasta que se vuelve tal que los animales terrestres se aterrorizan al verla. Dios Todopoderoso la arroja entonces al mar; y también en el océano aumenta su tamaño, de forma que excede de diez mil metros; le nacen dos aletas como a un pez, y sus movimientos causan las olas del mar. Y cuando el daño que hace también resulta manifiesto en el mar, Dios Todopoderoso le envía la muerte, y un viento la arroja a la tierra…

Es con estos cuerpos que llegan a las playas o son recogidos por barcos con los que se intenta conocer y clasificar a las elusivas serpientes de mar. En 1893, el zoólogo holandés Antoon Cornelis Oudemans, por la presencia de pelo que es característica exclusiva de mamíferos, clasificó a la serpiente de mar como *Megophias megophias* basándose en las descripciones de 162 avistamientos, e incluyó la especie entre los pinnípedos, es decir, en la familia de las focas. Años más tarde, en 1965, Bernard Heuvelmans clasificó las serpientes de mar en varias especies diferentes, según las diversas descripciones de los testigos; entre ellas, cinco de mamíferos:

—*Megalotaria longicollis*, llamado cuellilargo, un gran pinnípedo marino de la familia de las focas, que a menudo entra en el Loch Ness y se convierte en Nessie.

—*Hyperhydra egedei*, o supernutria, que vive en los mares boreales, de 20 a 30 metros de longitud, estrecha y alargada, con ojos muy pequeños, cuello delgado no muy largo, cola enorme terminada en punta, dos pares de patas con dedos palmeados, piel de apariencia rugosa y color pardo grisáceo.

—*Plurigibbosus novae-angliae*, o jorobado de Nueva Inglaterra, en Estados Unidos, de 18 a 30 metros de longitud, cuello delgado y cabeza ovalada, espalda con una serie de pequeñas jorobas, cola larga y bilobulada como la de los cetáceos, piel lisa y color de pardo a negro en la espalda y blanco en el vientre.

—*Halshippus olai-magni*, o caballo marino, cosmopolita y conocido como Caddy en la costa oeste de Norteamérica, como veremos más adelante; de 10 a 30 metros de longitud, cabeza larga y delgada que recuerda a un caballo, ojos muy grandes de color a veces negro y a veces rojo, faz peluda, con larga cabellera y color pardo con manchas negras.

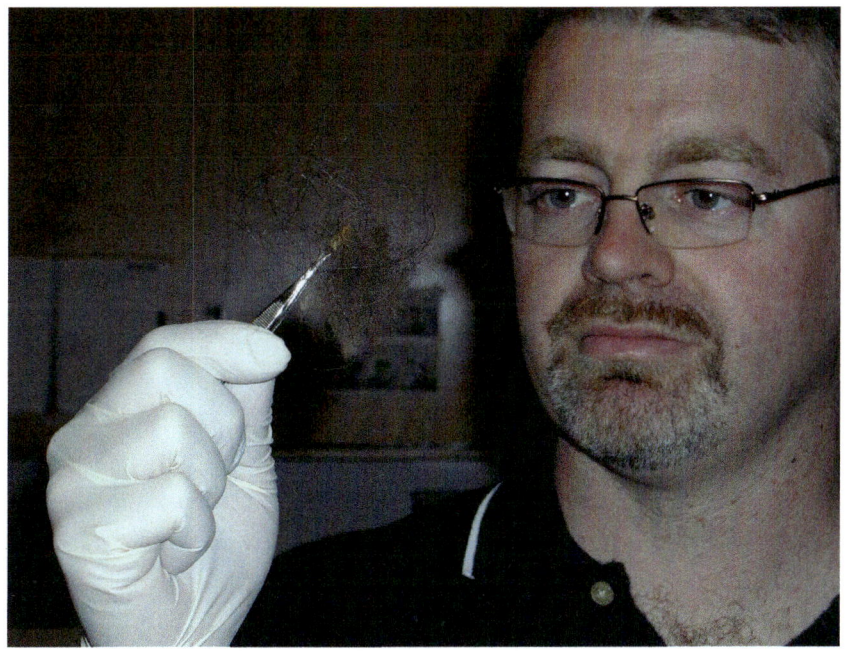

El genetista David Coltman, de la Universidad de Alberta,
descubrió en 2005 que un mechón de pelo atribuido al Bigfoot
era en realidad de un bisonte (Foto: Universidad de Alberta).

—*Cetroscolopendra aelienni*, observada en aguas tropicales, de 10 a 30 metros de longitud, cabeza redondeada como de morsa, ojos pequeños y saltones, boca muy grande, orificios de la nariz rodeados de pelos, cuerpo cubierto de salientes laterales como pequeñas aletas triangulares y color de pardo a amarillento sucio.

Pero hay más. El 26 de septiembre de 1808, los restos de un enorme animal vararon en las costas de las islas Orkney, en Escocia. El cuerpo llegó al puerto de Stronsay donde fue medido, unos

17 metros de largo. Con el cráneo, algunas vértebras y las descripciones de los testigos, Patrick Neill, secretario de la Sociedad Werneriana de Historia Natural de Edimburgo, notificó el hallazgo y el 14 de enero de 1809 dio nombre científico a la bestia de Stronsay, como ya era conocida: *Halsydrus pontopiddani*, en honor del obispo noruego Eric Pontoppidan, que tanto había escrito en el siglo XVIII sobre monstruos marinos y había pedido que todos los testimoniossobre serpientes de mar fueran examinados con la más estricta imparcialidad. En 1811, en las *Memorias* de la Sociedad se publicó la descripción y el nombre científico de la bestia. Sin embargo, Everard Home, conocido ictiólogo de Londres, ya había clasificado en 1809 a la bestia de Stronsay como un tiburón de la especie *Cetorhinus maximus*, muy conocido en las costas de Escocia. En la actualidad se conservan tres vértebras del monstruo en el Museo Escocés de Edimburgo; el cráneo, depositado en Londres, se perdió durante los bombardeos alemanes de la Segunda Guerra Mundial.

Ya llevamos siete propuestas de diferentes especies de serpientes de mar, sean de mamíferos, reptiles o dinosaurios. Pero todavía hay más. En otoño de 1817 fue capturada, cerca de Cabo Ann, en Massachusetts, una serpiente no muy grande, de un metro de longitud, que un comité de científicos de la Sociedad Linneana de Nueva Inglaterra consideró un individuo juvenil de un monstruo marino que había sido visto repetidas veces en las cercanías. La especie fue clasificada como *Scoliophis atlanticus* o serpiente jorobada del Atlántico, que tiempo después Heuvelmans llamaría *Plurigibbosus novae-angliae*. Tras la disección y el estudio detallado del ejemplar, el animal fue clasificado por el zoólogo francés Henri Ducrotay de Blainville como un individuo deforme de la serpiente común *Coluber constrictor*, y en la actualidad se considera que era un tiburón de la especie *Cetorhinus maximus*.

Además, está el *Cadborosaurus*, una criatura marina no identificada, quizá más de una especie, quizá el caballo marino de Heuvelmans, con avistamientos desde hace décadas en la costa oeste de Estados Unidos y Canadá. Tan popular como el Bigfoot y tan difícil de capturar como el popular antropoide, recibió su nombre hacia 1930 cuando fue avistada en la bahía de Cadboro, en la Columbia Británica (Canadá). Tenía aspecto de serpiente de gran tamaño, con cabeza de caballo, dorso en dientes de sierra y, a menudo, una larga cabellera. Se ha dicho que es un pez, un congrio, una ballena o, quizá, un dinosaurio. No hay fotografías de esta serpiente de mar, llamada familiarmente Caddy, excepto una, muy dudosa, tomada en 1937 y vista por muy pocos. Muchos cadáveres atribuidos a Caddy han varado en la costa oeste de Norteamérica. La mayoría de ellos, después de su estudio, correspondía a ballenas o tiburones en descomposición. Pero siempre queda alguna duda como la de aquellos balleneros de Victoria, en Canadá, que en el verano de 1937 descubrieron en el estómago de la ballena que habían capturado un cadáver, de unos 3 metros, de una criatura con aspecto de serpiente. Seguramente era el tentáculo de un *Architeuthis*. Como ocurre con frecuencia entre los criptozoólogos, los restos han desaparecido.

Quizá el más perturbador avistamiento del *Cadborosaurus* fue el de dos pilotos que, a bordo de una avioneta Cessna, en octubre de 1993 y en Saanich Inlet, cerca de Vancouver, provocaron la huida de dos ejemplares que estaban entretenidos en «un acto íntimo», en palabras del periódico *Vancouver Sun*, que publicó la noticia.

El 25 de abril de 1977, un cuerpo medio descompues-
to quedó atrapado en las redes del pesquero japonés *Zuiyo Maru*
cuando navegaba a unas 30 millas al este de Christchurch, en
Nueva Zelanda. Capturado a unos 300 metros de profundidad y
de unos 33 metros de largo, tenía una forma que recordaba al ex-
tinto dinosaurio llamado plesiosaurio, lo que convertía al animal
en familia cercana del monstruo del lago Ness. El hedor de la descomposición era tan terrible que, después de medirlo, fotografiarlo
y tomar unas muestras, fue arrojado al mar. La noticia causó sensación en el Japón del monstruo Godzilla, e incluso el Gobierno
editó el 2 de noviembre un sello con su imagen. Los restos fueron
analizados por el bioquímico Shigeru Kimura, de la Universidad
de Tokio, que encontró en ellos elastoidina, una proteína de la familia de los colágenos habitual en los tiburones e inexistente en
reptiles y en otros peces. En resumen, otro cadáver de tiburón,
como la bestia de Stronsay. Se puede deducir que, cuando el cadáver de un tiburón comienza a descomponerse, todo el sistema
branquial, la mandíbula inferior y el paquete visceral se despren-
den, y el resto toma la apariencia de un animal con un cuello muy
largo, que sería la columna vertebral del tiburón, y una cabeza di-
minuta; en conclusión, como si fuera un plesiosaurio de cuello largo. Es más, la mandíbula inferior de estos tiburones se considera
un lujo gastronómico, y no es raro que sea lo único que se utilice
tras su captura, desechándose el resto del animal. Algunos expertos
llaman pseudoplesiosaurios a estos cadáveres: han reproducido el
proceso estudiando la descomposición de restos de tiburón y han
conseguido *plesiosaurios* en cinco semanas.

Las serpientes de mar siguen escondidas en las profundidades y no salen a la superficie para calmar, o para confirmar, los te-

mores y las pesadillas de los hombres. Rudyard Kipling les dedicó unos versos que decían:

Los pecios se disuelven sobre nosotros;
su polvo cae desde lo alto…
hacia la oscuridad, la completa oscuridad,
donde están las ciegas y blancas serpientes de mar.

Pero Kipling era el representante de la Inglaterra victoriana, la Inglaterra de la Revolución Industrial y del Imperio, y su poema no está dedicado a los dinosaurios que todavía viven, está dedicado… a los cables submarinos que comunican Europa y Norteamérica. Triste destino para animales tan fabulosos y legendarios.

Nuestros monstruos

No existe Nessie y no existe el Yeti. Tampoco existen las serpientes de mar, el pulpo gigante, el Mokele-mbembe y el chupacabras. Ni el Bigfoot, que es algo así como el primo americano del Yeti y de nuestro Basajaun. No existen los monstruos de la criptozoología. Sin embargo, hay quien cree en ellos y lucha por demostrar su existencia. No sólo es así, sino que, a menudo, los criptozoólogos toman el papel de héroes incomprendidos que en algún momento, en el futuro, conseguirán que la ciencia y la sociedad en general reconozcan sus méritos y les agradezcan la demostración de que sus monstruos son reales.

Adrian Shine, biólogo y director desde hace años del Proyecto Lago Ness, escribió una vez, refiriéndose a los buscadores de Nessie, que «hay que mirar el Loch Ness como si fuera un espejo; refleja nuestro rostro, nuestros deseos, nuestra ansia de misterio y maravilla, nuestro…, nuestro…, nuestro…, todo nuestro y ninguna otra cosa». Cuando buscamos a Nessie, nos buscamos a nosotros mismos, estamos viendo nuestros propios fantasmas. Los *sherpas* tienen un proverbio parecido, muy oportuno, para referirse —y quizá burlarse— a los occidentales que buscan al Yeti. Dice así: «Hay un Yeti en el desván del alma de cada uno de nosotros; sólo los bienaventurados no son dominados por él». Como Adrian Shine, los *sherpas* también aconsejan buscar en nuestro interior. Allí, «en el desván del alma», están los monstruos de la criptozoología.

Para saber más

Eduardo Angulo [2007]: *Monstruos. Una visión científica de la criptozoología.* 451 Editores. Madrid. 247 páginas.

Lothar Frenz. [2003]. *El libro de los animales misteriosos.* Ediciones Siruela. Madrid. 263 páginas.

José G. González & David Heylen. [2002]: *Criptozoología. El enigma de los animales imposibles.* EDAF. Madrid. 312 páginas.

¿Sirven las témporas para predecir el tiempo de la próxima estación?

Jon Sáenz

Para dejar las cosas claras desde el principio: las témporas no sirven para predecir el tiempo. A pesar de ello, durante los últimos años, las predicciones basadas en ellas han acaparado espacios de información meteorológica en televisiones, algunas públicas, primeras páginas de periódicos y entrevistas varias, se han convertido en tema habitual de conversación en patios de escuela y hasta han protagonizado *campañas de verificación* en foros de Internet de aficionados a la meteorología. La afición a las predicciones basadas en el método de las témporas alcanza, al menos, desde Galicia hasta Navarra, de Oeste a Este, y desde el Cantábrico hasta La Rioja y Burgos, de Norte a Sur, tal como puede comprobarse en los medios de comunicación de esas zonas. Han sido, incluso, ensalzadas por algún cargo político tan recientemente como en 2006 para expresar preocupación sobre el abastecimiento de aguas en su ciudad (espero y confío que los técnicos implicados en esa política tuvieran criterios más razonables). Las témporas han sido durante los últimos años en el País Vasco las *diosas mediáticas* de la predicción meteorológica estacional. Y no es lógico. Tienen valor antropológico y etnográfico, y deben ser estudiadas por antropólogos, archivadas en museos y hasta podemos hacer unas risas con ellas, pero no puede aceptarse que se presenten en los medios de comunicación como un método más para la predicción del tiempo de la próxima estación.

Durante mucho tiempo esto ha sido así posiblemente por varios motivos. El primero, la desidia y la falta de ganas de discutir de los meteorólogos profesionales, que hemos preferido dejar pasar el bulo, a sabiendas de que manifestar públicamente nuestra incredulidad solamente podría traer quebraderos de cabeza y trabajo adicional a nuestras vidas. El segundo de los motivos es, seguramente, una cierta incultura científica en los encargados de la toma de decisiones editoriales al respecto en los medios de comunicación. A falta de criterios científicos sólidos, y dado que «siempre se han usado», este año también sacamos las témporas (en primavera, invierno, verano y otoño…). A esto se une que la población acepta por lo general como cierto lo que se emite por radio y televisión, y lo que se publica en los periódicos. Así que piensan que algo de verdad habrá en ello. A diferencia de la meteorología científica, las témporas son un sistema de predicción simpático y fácil de entender. Y, como a la gente le parece simpático, lo demanda, así que se da en los medios de comunicación, ávidos de captar el favor del público. Esta mezcla ha permitido que, bien entrado el siglo XXI, las predicciones meteorológicas basadas en las témporas sigan teniendo vigencia y sean habitualmente publicadas y tratadas en los medios de comunicación.

Desde el punto de vista social, la creencia en las témporas no da la impresión de ser algo tremendamente peligroso. En comparación con otras supersticiones relacionadas con la salud, parece socialmente inocua. No causa problemas a los enfermos, porque ninguno de ellos tiene que abandonar *el tratamiento* de la meteorología científica. No produce daños físicos ni económicos graves. Los afectados por esta creencia, a diferencia del caso de muchas sectas, no padecen de problemas psicológicos, personales o afectivos. ¿Por qué preocuparse entonces?

La razón, desde mi punto de vista, es clara. La fe en las témporas produce un daño a la sociedad en la medida en que facilita —en conjunción con otros factores— la creencia en la magia. Porque las témporas únicamente pueden funcionar si aceptamos que hay días mágicos. Y la creencia en la magia no se debe fomentar en la sociedad. Si creemos en la magia a la hora de predecir el tiempo, ¿por qué no pensar que una piedra de color morado sana nuestro cuerpo enfermo con su *energía positiva*?, ¿por qué no creer también en fantasmas, espectros y otras apariciones, y su influencia en nuestras vidas?, ¿por qué no donar mis bienes al gurú de la secta que me promete la vida eterna?, ¿por qué no suicidarme con una túnica de plata cuando pase un cometa si el líder de mi secta dice que así me van a llevar los extraterrestres con ellos al Paraíso?, ¿por qué no comprar un aparato para *imantar* el agua y curar así las piedras del riñón? Todo eso es magia, y luchar contra uno de sus aspectos es, en mi opinión, reducir el número de posibles afectados por otros. Dado que soy físico de formación y profesión, y que me dedico a la meteorología, me toca discutir la magia de las témporas. Al médico, le tocará cuestionar la de su especialidad, posiblemente más dañina. Pero ninguna es inocua. Al menos, así lo veo yo.

Esta postura no ha sido siempre entendida. Me consta en mi círculo personal y social (reacciones en *blogs*, periódicos, foros de Internet, etcétera). Desde que adopté la postura de criticar abiertamente las témporas, las reacciones se podrían clasificar en tres tipos básicos. En primer lugar, desde la institución en la que trabajo —la Universidad del País Vasco— y desde algunos medios de comunicación y personas, especialmente en el entorno de la meteorología profesional, he recibido bastantes felicitaciones y apoyo, que se agradecen enormemente. La segunda reacción es relativamente poco abundante, y neutra; del tipo: «Ya. Pero, si nadie cree en las témporas, ¿por qué peleas contra ellas?». Es respetable, solamente que yo discrepo con el principio en el que se basa: la no creencia. Cuando los periódicos, radios y televisiones hablan de las témporas cuatro veces al año, será porque alguien cree en ellas. Ésa es la comunidad de personas a la que hay que convencer de que las témporas no funcionan, de que son magia y nada más. Además, esa actividad informativa que no cesa en torno a las *predicciones temporeras* tiene una consecuencia adicional inevitable: aumenta la fracción de la población que cree que funcionan, simplemente porque nadie les ha dicho nunca lo contrario. Y, de paso, socava la credibilidad social de la meteorología. Al fin y al cabo, ¿qué hace un meteorólogo científico con todos sus sensores, satélites y ordenadores si un simple pastor con muchos menos medios pronostica el tiempo a noventa días de alcance sólo con salir a la puerta de casa y mirar al cielo?

El tercer tipo de reacción es abiertamente hostil y ha sido muy abundante, más de lo que yo esperaba. Para muchas personas, hay dos motivos básicos por los cuales discutir la capacidad predictiva de las témporas es una actitud profundamente equivocada. El primero es que al criticar las témporas se mina la cultura tradicional, sea vasca, cántabra, asturiana… No estoy de acuerdo. Para mí, las culturas deben modernizarse e incluir los conocimientos de

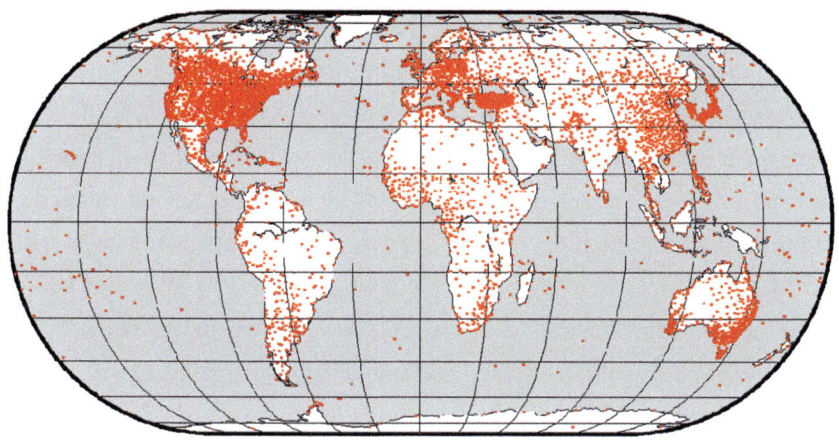

Red mundial de estaciones meteorológicas primarias en superficie.

la ciencia moderna, si quieren sobrevivir en el futuro. No es posible vivir mirando exclusivamente al pasado. Si lo hacemos, nuestra sociedad perderá el tren del futuro. Inexorablemente. El otro motivo por el que algunos dicen que nos equivocamos cuando nos oponemos a las témporas como un método válido de predicción del tiempo es que hacemos daño a las personas que creen en ellas. Esto es seguramente cierto, pero no me parece una razón de peso como para aceptar que sea necesario dejar a las témporas campar por sus respetos, obligando a toda la comunidad de meteorólogos a callar para no herir sentimientos. Si eso fuera así, la Primera División de fútbol debería ser inamovible, por decreto, para no hacer daño a los pobres seguidores de los equipos que obligadamente descienden a Segunda cada año.

La meteorología es una ciencia tremendamente cuantitativa, con unas bases firmes en la física y las matemáticas, mientras que las predicciones basadas en las témporas no tienen ninguna justificación. Permitir que de forma sistemática se mezclen las predicciones científicas con las *temporeras* otorga crédito a las segundas a costa de la credibilidad de la meteorología como ciencia y sirve además para agrandar la estima social de los métodos mágicos a la hora resolver los problemas de la vida. Yo creo que eso no es razonable y, por eso, hay que desenmascarar las témporas como un fraude absoluto. Es lo que voy a intentar hacer a lo largo de las siguientes páginas. En esta guerra, no soy nada original. Ya en 1733 el fraile benedictino Benito Jerónimo Feijoo escribió en su *Teatro Crítico Universal, Tomo V*:

> La observación de las mudanzas de temporal, arreglada a los cuatro ternarios de días de ayuno establecidos por la Iglesia, que vulgarmente llaman Cuatro Témporas, no tiene fundamento alguno ni en la razón ni en la experiencia; antes la razón y la experiencia militan contra ella. Dícese que el aire que queda levantado al espirar cada Témpora domina habitualmente hasta la Témpora siguiente. Mil veces que lo he notado, vi falsificado este rústico axioma.

Es sorprendente que sigamos, casi trescientos años después, discutiendo sobre lo mismo. En esos casi trescientos años, la física y las matemáticas han hecho avances increíbles. Sin intención de ser exhaustivo, se han formulado las leyes de la termodinámica, las de la propagación de la radiación en la materia, el electromagnetismo prácticamente completo, casi toda la meteorología digna de tal nombre, las teorías de los sistemas dinámicos complejos, la mecánica de fluidos, la estadística moderna… Y, sin embargo, algunos siguen mirando al cielo una vez cada tres meses para *predecir* el tiempo que va a hacer los siguientes tres meses, y otros siguen emitiendo, escribiendo, radiando y atendiendo sus *predicciones*.

Da que pensar sobre la manera en la que se propagan los conocimientos en la sociedad en la que vivimos.

La meteorología científica

Para intentar plantear de entrada el campo de juego en el que nos vamos a mover, voy a hacer una pequeña introducción a la manera en que trabaja la meteorología profesional moderna. Es pertinente porque la mayoría de la gente no tiene mucha idea de cómo se lleva a cabo la predicción meteorológica.

La meteorología es una rama de la física y como tal están estructurados sus estudios. El modo en que se hacen las predicciones meteorológicas está, por tanto, firmemente anclado en principios teóricos correspondientes a esa disciplina. La predicción del tiempo se lleva a cabo resolviendo en potentes ordenadores una serie de ecuaciones que representan el comportamiento de la atmósfera como sistema físico. Son las llamadas ecuaciones primitivas, que representan la segunda ley de Newton —fuerza es igual a masa por aceleración— o principio de conservación de la cantidad de movimiento. Se utiliza también el principio de conservación de la masa (para el aire seco y para la humedad atmosférica). No puede faltar el principio de conservación de la energía, que expresa cuánto se enfría o se calienta el aire dependiendo de cuáles sean los flujos de energía sobre cada partícula de aire. Finalmente, la ecuación de estado de los gases perfectos se emplea para relacionar la presión, la temperatura y la densidad. Estas ecuaciones forman un sistema que no tiene solución analítica conocida, pero que se sabe, a partir de los avances de las matemáticas, cómo se puede resolver por

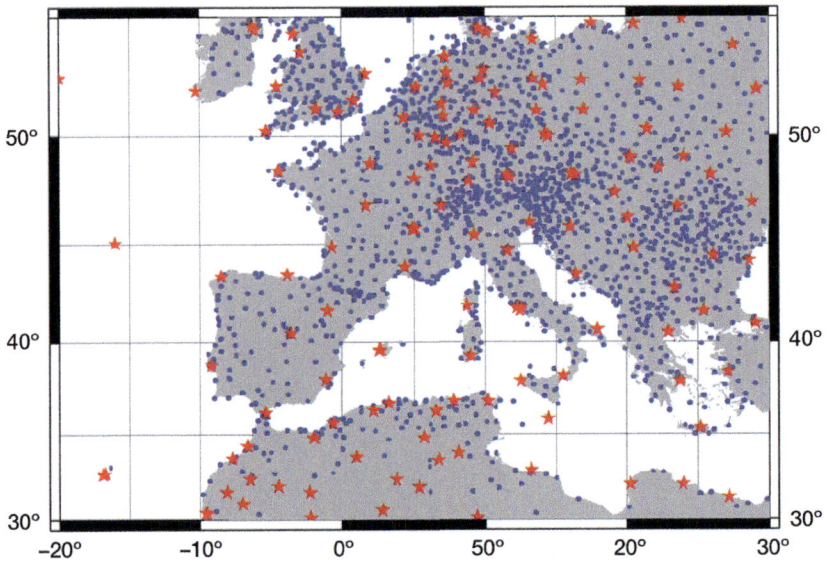

Red de estaciones meteorológicas en superficie (puntos rojos) y sondeos en altura (estrellas azules) mediante globos en Europa y el Norte de África.

medios numéricos. Los ordenadores calculan el estado de la atmósfera mañana, pasado mañana... a partir de su estado de hoy, que técnicamente se llama el estado inicial o el análisis.

La determinación precisa del estado de la atmósfera a partir del cual se realiza la predicción numérica es fundamental. Si existieran errores en este análisis, aumentarían rápidamente durante la misma y producirían un efecto catastrófico sobre su calidad. Así que durante las últimas décadas se han desarrollado tupidas redes de estaciones de medida en superficie, globos que sondean el estado de la atmósfera en altura, barcos, boyas oceanográficas, satélites, radares y otros sensores de tecnología avanzada que permiten realizar mejores predicciones. Como estos datos tienen que estar disponibles a tiempo en los grandes centros meteorológicos donde se hacen las predicciones globales, ha habido que poner en marcha sistemas globales de telecomunicación especializados, duplicados para garantizar el funcionamiento de todo el proceso de predicción aún en las condiciones más adversas, porque es un servicio crítico para la comunidad mundial. Aunque el público no sea consciente de ello, la realización de la predicción meteorológica es un reto tecnológico y organizativo de primera magnitud en la sociedad moderna. Un meteorólogo actual puede, paradójicamente, predecir el tiempo sin mirar al cielo. Esto, que parece una bobada, resta poesía a la tarea, pero aumenta la eficacia, porque un científico tiene mucha más información en su ordenador que la que puede obtener mirando al cielo. Y la puede procesar muy rápido.

¿Qué son las témporas?

Las témporas son unas celebraciones religiosas que se definen en el *Calendario litúrgico-pastoral* de la Conferencia Episcopal Española[1]. En esas jornadas se recomienda ayuno y oración, y sus fechas cambian en los diferentes países. Aparentemente, su origen se encuentra en la Iglesia romana en el siglo III,[2] cuando se celebraban cuatro veces al año, coincidiendo con los cambios de estación: en la actualidad, solamente se celebran en octubre. Dicho así, en frío, posiblemente los lectores se sorprendan. Igual imagi-

---

[1] http://www.conferenciaepiscopal.es/liturgia/calendarioliturgico.htm
[2] http://www.meteored.com/ram/numero17/temporas.asp

naban que eran antiquísimas costumbres de la gente del campo
que, observando la Naturaleza durante milenios, había determinado que hay que fijarse en el tiempo que hace en esos días para
poder hacer predicciones. Ningún dato avala ese remoto origen,
salvo el deseo de creérselo. Las témporas nacieron como celebraciones litúrgicas católicas, sin más.

Una vez establecido su origen, hay algunas preguntas pertinentes. Una interesante es saber cómo predecían los budistas el
tiempo en el siglo XVIII, por ejemplo, ya que no estaban influidos
por el sustrato cultural proveniente de la Iglesia católica. Otra es
saber si su origen en la *observación* quiere decir que son extrapo-
lables a otras zonas donde la meteorología está basada en fundamentos físicos similares a los nuestros. Es decir, ¿se pueden usar
en Nueva Zelanda, país situado en latitudes extratropicales, aunque del Hemisferio Sur?, ¿han descubierto las témporas los aborí-
genes australianos?, ¿por qué no las usan los predictores del Centro Europeo de Predicción a Medio Plazo y del Centro Nacional
de Predicción Medioambiental de Estados Unidos?, ¿es esta falta
de uso por parte de los grandes centros meteorológicos mundiales
consecuencia de una conspiración cultural contra los vascos, rio-
janos, cántabros, asturianos…? Me da la impresión de que estas
preguntas las podemos dar por respondidas sin mucho trabajo,
así que vamos a intentar avanzar un poco en la descripción de la
predicción temporológica. Pero aún vamos a hacer una última consideración: si en la actualidad mucha gente ya no sigue las costumbres católicas a efectos de vida en pareja, relaciones sexuales,
educación de los hijos, etcétera, no me acaba de quedar muy claro por qué hay que seguirlas a la hora de predecir el tiempo. Re-
sumiendo, es difícil aceptar que exista un mecanismo causal que

relacione el calendario litúrgico de la Iglesia católica con los anti-ciclones y las borrascas.

Es interesante describir cómo se predice el tiempo mediante las témporas, porque tampoco todo el mundo es consciente del proceso. Existen técnicas distintas que se utilizan en diversas zonas, pero todas ellas comparten un núcleo común. El tiempo que hace a medianoche de ciertos días —generalmente, del miércoles, viernes y sábado de témporas— es el que supuestamente va a prevalecer durante un mes de la siguiente estación. Así, el tiempo del miércoles a la noche prevalecerá durante el primer mes de la segunda estación; el del viernes, durante el segundo mes; y el del sábado, durante el tercero. Básicamente, es un patrón de repetición en base 3: tres días para tres meses. Así que podemos pensar nuevas preguntas: ¿por qué no seis días para seis meses o doce días para doce meses?

Existen sistemas similares en todo el mundo, son patrones de repetición con distintas bases. Las cabañuelas son veinticuatro días de agosto que permiten predecir los doce meses de un año. La costumbre de los siete durmientes alemanes (cortesía de E. Zorita) permite predecir 49 semanas a partir de siete días. En el fondo, lo que subyace en todo este tipo de patrones es el estudio de alguna periodicidad que, si existiera, daría la capacidad predictiva al método que más acercara su periodicidad a la de la atmósfera. Todos ellos fallan por lo mismo. El comportamiento de la atmósfera en períodos de semanas o meses no es periódico.

Los métodos basados en la supuesta existencia de comportamientos periódicos en la atmósfera no son los únicos que se emplean en la *meteorología tradicional*, pero este comentario nos lleva a una discusión radical del concepto de *meteorología tradicional*. Si consideramos que la *meteorología tradicional* son las témporas, realmente estamos vaciando de contenido el concepto. Acepto de buen grado que un pastor que pasa media vida en la montaña es capaz de predecir el tiempo a unas horas de alcance a partir de la observación del cielo y en algunas ocasiones muy concretas. Seguramente, mejor que yo. No lo discuto. Puedo aceptar sin mayor problema que ciertas observaciones sobre la relación entre los factores climáticos y los ciclos de los seres vivos hayan permitido incluso a científicos de hoy en día analizar aspectos como la incidencia del cambio climático según el momento del año en el que florecen los árboles o comienzan su actividad primaveral las hormigas, por ejemplo. Ese tipo de observaciones, llamadas fenológicas, son perfectamente compatibles tanto con una visión tradicional como con una visión moderna de la meteorología y, además, no repele al sentido común aceptar la existencia de un nexo de unión entre los procesos bioquímicos en un árbol que conducen a la floración y el estado de la atmósfera (primavera adelantada o retrasada).

Sin embargo, en el caso de las témporas o las cabañuelas, no ha existido ese proceso de observación crítico y consistente, y no es posible racionalmente aceptar la relación entre el calendario litúrgico católico y la dinámica atmosférica. Por ello, para dejar a la fenología en el lugar que realmente se merece, emplearemos a continuación el nombre de *temporología* para la predicción del tiempo basándose en las témporas, para distinguirla claramente de la predicción del tiempo de la mañana siguiente que podría hacer un pastor la noche anterior y que, insisto, es posible a mi juicio en algunos casos y para distinguirla de otras actividades de la meteorología tradicional como la fenología.

Una visión crítica

Las témporas no permiten predecir el tiempo. No son nada más que una superstición. Vamos a ver a continuación algunas razones que permiten justificar esta afirmación. Dicho de otra manera, y para ser claros: no es que no sepamos por qué funcionan las témporas, es que sabemos fehacientemente que no pueden funcionar. De ninguna manera, sin margen de duda.

La primera de las pruebas tiene que ver con un concepto matemático que los físicos empleamos a menudo, el de gradiente. El gradiente de una cantidad que varía en los distintos puntos del espacio es un vector (una flecha) que en cada punto apunta en la dirección en la que esa cantidad varía de la forma más rápida y en el sentido creciente de esa cantidad. En meteorología hay muchas cantidades que están ligadas a las diferencias entre varios puntos del espacio de una determinada variable —velocidad del viento, humedad, presión...— que representa el estado de la atmósfera. El viento no depende de la presión absoluta, sino de las diferencias de presión entre uno y otro punto; el aire tiende a ir desde donde la presión es mayor hacia donde es menor debido a la fuerza de presión, dependiente del gradiente de la presión; la cantidad de vapor de agua evaporada en una región está relacionada con la manera cómo varían los transportes de humedad entre dos puntos próximos... Más importantes que los valores absolutos de una variable son las variaciones relativas de esa variable en puntos próximos. Esto ya lo conocían los meteorólogos del siglo XVIII cuando inventaron el *mapa sinóptico*, en el que se representan las medidas de las variables correspondientes al estado de la atmósfera, tomadas todas ellas a la misma hora en distintos observatorios. El *temporólogo* de Santander tendría que intercambiar datos con el de La Coruña, el de San Sebastián, el de Burgos y el de Burdeos para poder construir su *mapa sinóptico* de las témporas. Sin embargo, el proceso no es ni remotamente así. Se mira el tiempo en Burgos, San Sebastián o La Coruña durante los días correspondientes a las témporas y se hace una predicción vaga para noventa días para una zona incierta para la que nunca se determina una frontera.

El segundo de los argumentos tiene que ver con las escalas de tiempo y espacio implicadas en la evolución de las borrascas y los anticiclones, que se desplazan, se crean y se destruyen. Los anticiclones y las depresiones muestran una extensión espacial entre 1.000 y 5.000 kilómetros de diámetro, pero viven muy poco. Por tanto, alguien que sale a la puerta de su caserío a las doce de la noche de un viernes y a las doce de la noche de un sábado a ver el tiempo que hace para predecir el de dentro de tres meses tiene dos problemas. El primero es que la parte de cielo que ve es muy pequeña. No sabe lo que hay más allá de los próximos 200 ó 300 kilómetros en el mejor de los casos, un día de cielo raso, sin nubes y en terreno llano o por debajo del punto de observación. Por muy buen observador que sea, no puede físicamente ver la estructura de la atmósfera a 1.000 kilómetros de distancia, ni siquiera si se sube a la punta de un monte. No digamos nada si la observación se hace en torno a la medianoche, como mandan los cánones. El segundo de los problemas no es menor. Aunque viera realmente a mucha distancia, daría igual, ese estado de la atmósfera va a cambiar de

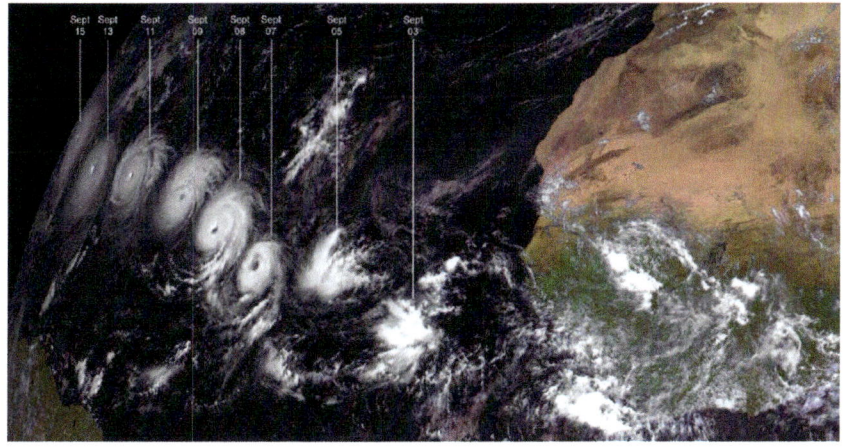

El satélite Meteosat 8 *sigue la evolución de un huracán (Foto: Eumetsat).*

forma radical basándose en procesos físicos que no dependen del punto donde el observador se encuentra, sino de cosas como la presencia de otras borrascas a miles de kilómetros. Así que, a efectos prácticos, sus observaciones son perfectamente irrelevantes de cara al tiempo que va a hacer durante los próximos noventa días.

Otro argumento de peso contra las témporas es el *efecto mariposa,* según el cual un pequeño cambio puede tener grandes consecuencias; como poéticamente se suele decir, el aleteo de una mariposa en el Amazonas puede generar una borrasca en Japón. Este efecto fue inicialmente formulado por el meteorólogo Edward N. Lorenz en 1963 y constituye una de las bases de la teoría del caos determinista, perfectamente aplicable al caso de la atmósfera. La atmósfera es un sistema determinista y caótico. El determinismo es una cualidad importante y vital a la hora de predecir el tiempo de mañana. Si la atmósfera no fuera determinista, no sería posible establecer su estado de mañana a partir de su estado de hoy, porque podría haber varios estados correspondientes a mañana que serían igualmente probables a partir del estado de hoy. La predicción del tiempo sería imposible. Como mucho, se podría intentar una predicción probabilística, del estilo de 30% de probabilidades de que llueva, 70% de probabilidades de que no llueva. Pero tenemos suerte, la atmósfera es determinista, así que, si conociéramos perfectamente su estado hoy y las leyes que rigen su evolución, podríamos predecir su futuro…

El problema, en la práctica, es que la atmósfera también es caótica. Realmente no conocemos perfectamente su estado hoy. Como mucho, conocemos una aproximación al mismo a partir de las estaciones de medida, los barcos, los globos, los satélites. Hacemos una estimación de la condición inicial —el estado de la atmósfera de hoy— y, a partir de ella, predecimos el tiempo de mañana, pasado… Lo que sucede en los sistemas caóticos es que los errores existentes en la estimación inicial se amplifican exponencialmente con el tiempo. Ésa es la razón por la cual las predicciones meteorológicas para dentro de dos semanas se parecen por lo general poco al estado real de la atmósfera dentro de dos semanas. Los meteorólogos son conscientes de este problema y, de hecho, a partir de diez días, los sistemas de predicción se convierten en probabilistas: en vez de predecir un único estado de la atmósfera con cierta seguridad, se predice la probabilidad de la ocurrencia de fenómenos, como la lluvia. En la práctica, hay otro problema importante, y es que la evolución de la atmósfera está regida por unas reglas que no se pueden simular en ningún ordenador real y que ni siquiera conocemos al 100%. Los meteorólogos científicos sabemos que no sabemos nada, por emplear la máxima socrática. Nos queda por saber cómo aumenta con el tiempo el *error* de las *observaciones temporológicas*. Y creo que vamos a seguir sin saberlo mucho tiempo, porque el problema de las *predicciones temporológicas* es que son vagas e imprecisas, así que no es factible cuantificar su error

Uno de los lugares comunes en la defensa de la validez de las témporas es atribuir la periodicidad mensual que se utiliza en este sistema a su proximidad al periodo sinódico de la Luna, el tiempo que transcurre entre dos fases sucesivas similares, dos lunas nuevas, por ejemplo. El razonamiento, que no parece a priori erróneo, se basa en que, al fin y al cabo, la influencia de la Luna produce mareas en el mar. Sin embargo, las cosas en el océano y en la atmósfera funcionan de manera completamente diferente. El océano aumenta o disminuye muy poco en su volumen por la temperatura y el agua del mar es muy densa, tiene una masa algo superior a una tonelada por cada metro cúbico. La radiación solar sólo afecta a las capas superiores del océano, no penetra a gran profundidad. Sin embargo, el aire atmosférico es mucho menos denso, cada metro cúbico solamente tiene una masa un poco superior a un kilo a nivel del mar y a una temperatura de cero grados Celsius. Además, es casi transparente para la luz solar, excepto para la radiación ultravioleta, casi completamente absorbida por la capa de ozono.

Pues bien, resulta que las mareas oceánicas tienen su origen en la diferente atracción gravitatoria que sobre el agua de mar ejercen la Luna y el Sol en función de la diferente distancia que hay entre los puntos de la superficie del océano y los centros de estos astros y se explican, además, teniendo en cuenta que la Tierra gira en torno al centro de gravedad del sistema formado por la Tierra-Luna y la Tierra-Sol. La marea oceánica está regida principalmente por una componente lunar y el segundo nivel de efectos viene determinado por la componente solar, con muchas más contribuciones de orden menor que aparecen como resultado de efectos más complejos. Sin embargo, en el caso de la atmósfera, las cosas son totalmente diferentes. La primera de las contribuciones a la marea atmosférica es solar y es de origen térmico: se debe a que, cuando sale el Sol, el aire se calienta y se expande, y eso provoca una variación de la temperatura y del espesor vertical de la atmósfera. El valor en superficie de la marea atmosférica solar es del orden de 1,2 hectopascales (hPa) en las zonas tropicales (la presión al nivel del mar ronda los 1.000 hPa). La influencia lunar en la marea atmosférica es tremendamente débil: solamente alcanza una amplitud de 0,08 hectopascales en zonas tropicales y aún menor (0,01 hPa) en regiones extratropicales. A efectos de comparar magnitudes, la diferencia de presión que podemos tener en superficie en zonas extratropicales dependiendo de que nos ubiquemos en el centro de un anticiclón intenso —1.030 hectopascales— o una borrasca intensa —980 hectopascales— es aproximadamente 1.000 veces mayor que el papel de las anomalías gravitatorias inducidas por la Luna en la marea atmosférica. Luego, acertadamente, los meteorólogos científicos no consideramos que el satélite terrestre sea un factor determinante en la evolución de la dinámica atmosférica. Se trata de un factor cuya importancia es completamente despreciable y que, para ser medido en condiciones, necesita un equipamiento excepcionalmente sensible.

Aún con todo, asumamos por un momento que la Luna es importante y que es el factor que en el fondo permite justificar que la *temporología* funciona. Si así fuera, las técnicas estadísticas modernas que se usan para analizar señales nos permitirían descubrir su impacto en las series meteorológicas observadas. La gráfica muestra las series temporales de temperatura en Derio (Vizcaya), tal como han sido medidas por la estación meteorológica de Euskalmet.

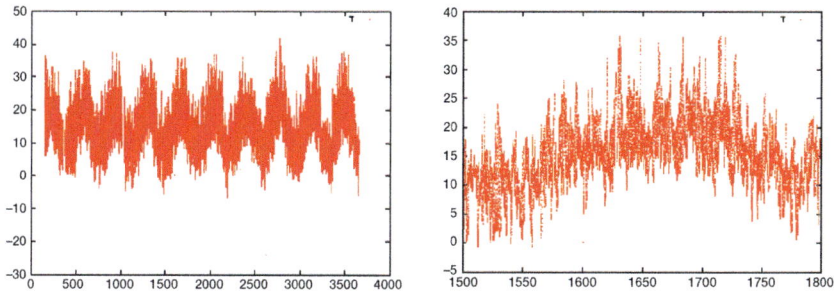

Serie temporal de temperatura en el sensor de Derio (Vizcaya): datos plurianuales, a la izquierda, y correspondientes a un período de 300 días, a la derecha.

Se aprecia claramente un ciclo anual, que responde a lo que sabe todo el mundo, que en verano hace calor y en invierno frío. Lo que ya no es tan evidente es que exista un ciclo de cerca de 28 días —29 días, 12 horas y 44 minutos, para ser precisos—, el correspondiente al período sinódico de la Luna. Si se hace un análisis estadístico, se verán el ciclo anual y el diario, pero no saldrá a la luz ningún ciclo lunar, lo que demuestra que el satélite terrestre no influye en las temperaturas.

La última argumentación es, a mi juicio, la definitiva. De acuerdo con las *predicciones temporológicas*, existe una relación entre el tiempo en los días D (miércoles), D+2 (viernes) y D+3 (sábado) con los valores predominantes de los meses primero, segundo y tercero posteriores a la predicción. El problema de este tipo de esquemas predictivos es que no son aplicables todos los días. El sistema de predicción no funciona siempre, sólo en los días de las témporas. Es como si esos días tuvieran alguna cualidad especial desde el punto de vista de la atmósfera, como si *fueran* mágicos. Y esto es

muy difícil de aceptar para un físico. Podemos aplicar unas reglas
determinadas para predecir el tiempo mañana, pero esperamos que
esas reglas sean las mismas el mes que viene. Es lo que llamamos
una invariancia a la traslación temporal. Esperamos que las leyes
físicas no cambien en el tiempo, que sean iguales hoy, mañana y
el mes que viene. No se trata simplemente de que a los físicos nos
horrorice cambiar de reglas en medio de una partida. Es que, en el
mundo regido por las leyes de la física, es imposible. Ya a principios
del siglo xx, la gran matemática Emmy Noether demostró que, si
no fuera así, la energía de la atmósfera no se podría conservar. Esto
es una ley física fundamental. Sabemos que la energía se conserva
en la atmósfera, que no se crea ni se destruye, sólo se transforma.
Supongamos que nuestros antepasados tuvieran conocimiento de
interacciones atmosféricas que desconocemos y que solamente funcionan durante las témporas, con lo que su validez depende del día
en que se aplica el método predictivo. Debido a esas interacciones
especiales que nosotros ignoramos, no se podría conservar la energía de la atmósfera según el teorema de Noether y sabemos que la
energía se conserva si se considera el ciclo completo, así que, seguramente, nuestros antepasados estaban equivocados a este respecto.
Si aceptamos el sistema predictivo de la *temporología*, no solamente estamos aceptando que se violen principios fundamentales de la
meteorología, sino también de la física fundamental, particularmente, el principio de conservación de la energía.

En resumen, considerando que una medición en un punto
no representa nada, que las escalas espaciales y temporales implicadas no se pueden abarcar desde la puerta de casa, que la atmósfera
es un sistema que muestra caos determinista, que la Luna es irre-
levante a la hora de predecir el tiempo y que no podemos violar el

principio de conservación de la energía, el resultado es claro: las *predicciones temporológicas* no tienen ningún sentido. Cuando se explica esto, hay gente a la que todavía le queda la duda de si las témporas funcionan y a continuación pregunta…

Pero las témporas funcionan, ¿no?

El proceso de verificación de las predicciones del tiempo forma una rama completa de la meteorología. Hay científicos que han dedicado su vida a diseñar y optimizar métodos de verificación de predicciones. Se trata de diseñar indicadores numéricos que permitan cuantificar la calidad de una predicción. Esto permite cuantificar de forma objetiva la bondad de un sistema de predicción del tiempo, comparar entre sí sistemas de distintas agencias o basados en distintas metodologías, o comprobar si un sistema nuevo funciona mejor que otro anterior. A la hora de convertir en un indicador cuantitativo el concepto de *calidad de la predicción*, existen varios criterios de los que me interesa resaltar dos: la calidad y el valor de uso. Una predicción del tipo de «va a hacer sol en julio en el centro del Sahara» tiene mucha calidad, pero ningún valor. Una predicción del tipo de «la temperatura media mensual de julio en Bilbao va a oscilar entre 5º C y 55º C» es también de muy buena calidad, porque acierta seguro, pero inútil, porque no permite saber si se va a consumir mucha o poca energía, sea en calefacción o en aire acondicionado.

La predicción, además, tiene que ser algo concreta para que la podamos evaluar objetivamente de acuerdo con índices objetivos de verificación. No es suficiente decir que «en primavera las temperaturas van a ser suaves» o que «en verano va a hacer calor», porque eso, en realidad, no es decir nada. Predecir *temperatura suave* es predecir 15º C, 20º C ó 25º C. Hay que concretar más. Hay que hacer predicciones cuantitativas. «La temperatura va a oscilar entre 17º C y 19º C» u «hoy no va a llover», por ejemplo. A partir del momento en que estas predicciones alcanzan un grado de concreción, es posible verificar cuantitativamente su bondad; no antes. Para poder verificar, es necesario que las predicciones sean concretas. Si no, es imposible.

También es interesante considerar que la verificación puede ser absoluta —el sistema A es bueno— o relativa —el sistema A es mejor que el B—. Es un detalle importante en el caso de las *predicciones temporológicas*, que tienen alcance estacional. La razón es que el ciclo anual —calor en verano, frío en invierno, tiempo seco en verano y lluvioso en invierno— es un fantástico sistema de predicción —el sistema A que necesitamos para la verificación relativa—, muy sencillo, pero difícil de batir. A modo de ejemplo, si consideramos que la temperatura media en julio en Sondika es de 19,7º C con una desviación estándar de ±1,2º C, es factible predecir que la temperatura media de ese mes va a situarse entre 18º C y 21º C —un rango de 3º C— con una probabilidad de acertar del 85%, o que la temperatura va a estar entre 19º C y 21º C —rango de 2º C—, aunque esta vez la probabilidad de acertar es solamente del 50%. Simplemente porque sabemos que a partir de los valores normales podemos estimar intervalos de predicción de forma muy estable, ya que el ciclo anual es el más robusto que existe en la atmósfera. Pero, cuanto más precisa es la predicción, más fácil es equivocarse. Podemos ganar en probabilidad de acertar, simplemente anchando el intervalo de nuestra predicción, desde un rango de 2º C hasta uno de 3º C, pero eso va contra la utilidad del sistema.

Una moneda lanzada al aire —un sistema aleatorio— no tiene una pericia nula a la hora de predecir el tiempo. Es posible tirar una moneda al aire ahora y decir si el mes de julio del año que viene va a ser o no más caliente que lo *normal,* definiendo la normalidad como la temperatura que se ha registrado el 50% de los julios anteriores. Considerando las leyes básicas de las probabilidades, tendríamos dos eventos independientes: el resultado de la moneda —cara o cruz, con una probabilidad de 0,5 cada una de ellas— y si la temperatura media mensual queda por debajo o por encima de la frontera que nos hemos marcado —cara o cruz, nuevamente con una probabilidad de 0,5—. El problema al considerar eventos independientes —la moneda no sabe meteorología— es que sus probabilidades conjuntas se multiplican. Las posibles combinaciones son las que aparecen en la siguiente tabla. En cada columna se marcan las probabilidades asociadas a los eventos de la moneda (cara o cruz), en cada fila las probabilidades asociadas a los eventos de la temperatura (mes cálido o frío respecto al 50% de los julios de años anteriores), y en el interior de la tabla la probabilidad conjunta de que coincidan por casualidad un mes frío o cálido con cada una de las opciones de la moneda (cara o cruz):

	CARA (p=0,50)	CRUZ (p=0,50)	TOTAL
FRÍO (p=0,50)	0,50 × 0,50 = **0,25**	0,50 × 0,50 = **0,25**	0,50
CALOR (p=0,50)	0,50 × 0,50 = **0,25**	0,50 × 0,50 = **0,25**	0,50
TOTAL	0,50	0,50	1

Si asumimos que una cara quiere decir que la moneda *predice* frío y una cruz que *predice* calor, podemos estar seguros de que nuestro *sistema de predicción* (moneda) tiene una probabilidad de acertar que es la suma de las probabilidades de los eventos conjuntos. Cada vez que salga una cara en la moneda (0,50), julio será frío en la mitad de ocasiones (probabilidad conjunta de 0,25); cada vez que salga cruz (0,50), será cálido la mitad de las veces (probabilidad conjunta de 0,25). Por tanto, la probabilidad de acertar de la moneda es la suma de las veces en que acierta por casualidad frío (0,25) o calor (0,25). Así que una de cada dos veces acertará por casualidad. La moraleja es sencilla. Si uno quiere *verificar* predicciones, tiene que descontar la tasa de aciertos que correspondería a un sistema aleatorio. No basta con decir que las témporas aciertan *bastante*. Hay que ver si aciertan más que un sistema aleatorio —una moneda lanzada al aire— que haga la misma predicción. Si no son más eficaces que una moneda, no tienen capacidad predictiva.

Vamos a coger los datos recogidos en Derio cada diez minutos entre 1996 y 2005, y veamos la componente Norte/Sur del viento, ya que es ésta la variable en la que hacen más hincapié los *temporólogos*. Para todos los miércoles, viernes y sábados de esos diez años, podemos ver si el viento entre las 23.30 y las 0.30 horas es más o menos del Norte o del Sur que lo normal. Si sale durante el miércoles/viernes/sábado que ha hecho viento norte intenso, entonces va a hacer frío en el mes correspondiente; si sale viento sur, va a hacer calor. En los casos intermedios de viento que no sea ni norte ni sur, la temperatura va a mostrar carácter neutro, no extremo. Para verificar estas predicciones, hay que considerar que vamos a verificar eventos discretos —calor, normal, frío— predichos por nuestras *témporas* procedentes de las series observadas, y eso lo comparamos con el tiempo que realmente ha hecho durante esos diez años, pero todo ello medido por termómetros y anemómetros, dejando poco margen a la interpretación subjetiva.

Vamos a considerar ahora la pericia que tendría un tetraedro regular —una pirámide de base triangular— a la hora de hacer esta predicción. Pintamos una cara de azul, que supondrá que va a hacer frío (menor temperatura que el 25% de los meses anteriores); una de rojo, que representará que va a hacer calor (mayor temperatura que el 75% de todos los meses); y las dos caras restantes, verdes, para un mes neutro (temperatura entre el 25% y el 75% de los meses registrados hasta entonces). La probabilidad de acertar de forma aleatoria viene dada por: $0,25 \times 0,25 + 0,50 \times 0,50 + 0,25 \times 0,25 = 0,375$ ó, lo que es lo mismo, 37,5%. Es decir, la probabilidad de acertar por azar, lanzando un dado con forma de tetraedro al aire, no es despreciable: acertaríamos casi cuatro de cada diez veces. En los diez años examinados, la predicción por las témporas acierta el 35% de los casos para la temperatura. Los resultados son clarificadores: las témporas tienen una capacidad predictiva equivalente a la que correspondería a un dado de cuatro caras lanzado al aire.

Percibo ya la crítica de los aficionados a la *temporología*: «Es que lo has hecho *mal*. No has considerado las fechas de las témporas reales…». Ya he discutido antes que, como soy físico, no puedo aceptar que haya *días especiales*. Para mí, todos son iguales a efectos de predecir el tiempo. Pero, incluso si aceptara que ése es mi gran error, y que las témporas funcionan, los aciertos deberían estar agrupados cada noventa días, no podrían suceder al azar, tendrían que darse en días concretos (las témporas, los cambios de estación). Sin embargo, no distan entre sí noventa días, se distribuyen regularmente y, lo que es peor para el postulado *temporológico*, para la temperatura y otra variable como el viento no suceden en los mismos días, mirando a cualquier escala temporal a la que analicemos el problema.

Es fácil acertar diciendo que hará calor moderado en verano, puesto que cualquier temperatura es calor moderado. Así que, cuando se plantean las verificaciones de las témporas, hay que tener en cuenta que para que sean verdaderas predicciones han de ser concretas, precisas y, además, más acertadas que un sistema aleatorio alternativo. Si no, su *poder predictivo* no es más que el de una moneda o el de un dado, y eso quiere decir que las témporas no tienen nada que ver con la atmósfera, como una moneda, un tetraedro. Puede que alguien se cierre en banda y argumente que el sistema de las témporas no se puede simular en un ordenador a partir de datos medidos por instrumentos, que hay que *sentir* el aire en el momento de hacer la predicción. Esto no es aceptable. Necesitamos datos, instrumentos, medidas reales, algoritmos numéricos y análisis estadísticos. Si no, estamos hablando de chamanismo, gorros de Merlín y ritos iniciáticos o cosas similares que nada tienen que ver con la ciencia.

A estas alturas, confío en que no quede duda de que las témporas no funcionan con mayor capacidad predictiva que una moneda o un dado. No funcionan si uno se molesta en descontar los aciertos que pueden esperarse por casualidad.

Caso cerrado

¿Debemos abandonar toda esperanza en lo relativo a la predicción estacional del tiempo? Pienso que no. Ya hemos descrito un método de eficacia probada, pero escaso valor, que es echar mano del ciclo estacional y llegar a conclusiones del tipo de «en verano hace calor y en invierno frío». Las líneas de investigación que la ciencia considera en la actualidad son o bien modelos estadísticos de predicción o bien modelos basados en principios físicos básicos que se resuelven en ordenadores y que incorporan todos los avances de la física moderna para intentar avanzar en poder predictivo estacional más allá de esta *línea de base*.

Si alguien piensa que la *temporología* es una vía prometedora para resolver este problema, hay que dejar claro que la ciencia estará dispuesta a aceptarla siempre y cuando respete ciertos principios básicos. Quien proponga el uso de la *temporología* tendrá que describir el sistema de predicción de tal manera que sea replicable por terceros a partir de datos observados y se puedan obtener predicciones concretas. No basta con decir que el próximo julio va a «hacer calor». Se tiene que precisar si la temperatura va a ser más alta que la del 75% de los julios anteriores, por ejemplo. Si las predicciones son concretas, serán posibles las verificaciones mediante indicadores objetivos de calidad. Si el algoritmo de predicción es replicable a partir de datos medidos, será posible verificar las predicciones a partir de los registros de precipitación, temperatura… Si se han cumplido las condiciones anteriores, es de esperar que el que las propone como un sistema de predicción nuevo proporcione, además, una justificación del principio físico por el cual esa metodología funciona.

Éstas son bases mínimas sin las cuales no es posible aceptar la *temporología* entre el conjunto de métodos científicos validados para hacer predicciones meteorológicas. El problema de la ciencia en general y de la meteorología en particular es que no es asimilable al Derecho Penal. La presunción de inocencia no existe. No es la comunidad de meteorólogos la que tiene que demostrar que las témporas no funcionan, es quien las propone como un método predictivo quien tiene que probar que funcionan. Éste es un cambio de punto de vista importante, las témporas son culpables de inutilidad hasta que demuestren lo contrario sus *abogados defensores*. Y existen una metodología clara y unos índices de verificación comúnmente utilizados en meteorología para realizar esa *demostración de inocencia*, si realmente fuera posible.

Desde el punto de vista de la meteorología científica, no hay base teórica ni práctica que sustente el uso de las témporas como un método de predicción del tiempo. Tras los avances científicos de los últimos siglos, no es aceptable que las témporas tengan ningún papel —relevante o no— en la información meteorológica, ni siquiera como un aspecto simpático desde el punto de vista social. Las témporas son parte importante del acervo cultural y una tradición ha de conservarse como tal en museos etnográficos, junto a las leyendas sobre Basajaun, la Dama del Anboto y las historias sobre Olentzero. Si se quiere, pueden celebrarse cabalgatas análogas a la de los Reyes Magos en la *fiesta de primavera* de los campus universitarios con las témporas como tema central, pero las témporas no son un recurso de la meteorología para predecir el tiempo de la próxima estación.

Finalizo con una nota para los adolescentes. Para dedicarse profesionalmente a la meteorología, hay que saber mucha física y muchas matemáticas. Estudiarlas en serio merece la pena, ensanchan los horizontes y abren un futuro interesante y estimulante, en meteorología o en otros campos de las ciencias. Ya vale de témporas… Dediquemos nuestros esfuerzos a otras cosas.

Para saber más

Roger G. Barry y Richard J. Chorley [1868]: *Atmósfera, tiempo y clima* [*Atmosphere, weather and climate*]. Trad. de María Jesús Fortes y Victoria Tarrida Lecha. Ediciones Omega. Barcelona 1999. 441 páginas.

C. Donald Ahrens [1982]: *Meteorology today*. Brooks/Cole Cengage. Florence 2007. 624 páginas.

Ferraris a mil euros

Mauricio-José Schwarz

Imaginemos que alguien con aspecto de pobre afirma que tiene una colección de automóviles Ferrari y que necesita espacio de aparcamiento para dos Lamborghini que están a punto de llegarle de Italia. Por eso, asegura, le urge vender dos Ferraris que son modelos repetidos. Al no tener tiempo ni necesidad del dinero, nos ofrece uno de ellos por sólo mil euros. El primero que acepte la oferta puede elegir además el color, uno es rojo y otro negro, como ventaja adicional.

Una afirmación así, evidentemente, nos causará desconfianza y dudas. El trato es atractivo, pero parece demasiado bueno para ser cierto. Si uno no rechaza la oferta, intentará poner a prueba la afirmación. Para empezar, querremos saber si esta persona realmente tiene los Ferraris, si tiene alguna relación con la famosa fábrica de Maranello. Supongamos que el presunto vendedor de Ferraris a mil euros le muestra a usted unas fotos donde aparece con el equipo de Fórmula Uno de Ferrari y otra donde se abraza al dueño de la marca. Por supuesto, una foto así puede estar trucada y no puede admitirse como prueba de que tal vendedor posea dos Ferraris, y menos aún de que vaya a venderlos a mil euros. Si en ese momento se nos pide que tomemos una decisión, es muy poco probable que entreguemos mil euros a nuestro protagonista. ¿Por qué?

Porque temeríamos, con razón, ser víctimas de un timo, que, si los Ferraris existen, sean robados o tengan un problema gravísimo, ya que sabemos que de otro modo se podrían vender por mucho más dinero. Desconfiaríamos del aspecto del vendedor, de sus fotos y de sus explicaciones.

Lo curioso de esto es que, cuando las afirmaciones extravagantes y dudosas se refieren a otro tipo de asuntos —en particular, los que se nos presentan como misterios— que habitualmente se apoyan con pruebas tan poco sólidas como una fotografía del vendedor abrazado al jefe de la marca, existen muchas personas dispuestas a creer en tales afirmaciones sin tanta reticencia. Obtienen rápidamente la confianza que difícilmente merecería el vendedor de Ferraris a mil euros. Y esas personas no sólo están dispuestas a creer en afirmaciones claramente extravagantes, descabelladas y sospechosas, sino que también están dispuestas a pagar su buen dinero a quienes cuentan esas historias. La gente suspende su capacidad de dudar ante ciertas afirmaciones que tienen un atractivo muy especial porque son misteriosas y abren una serie de posibilidades interesantes.

«Te vendo un Ferrari a mil euros» no es una afirmación muy distinta de ésta: «Te vendo agua magnetizada para curar el cáncer a 140 euros el litro. ¿Cuántos litros quieres?». Si bien es cierto que no hay mucha gente comprando Ferraris a mil euros, sí hay mucha gente que está comprando agua magnetizada para curar el cáncer o libros, CD y películas en los que se dice eso. Mucha gente en todo el mundo afirma cosas distintas y, con frecuencia, contradictorias sobre el agua magnetizada, alimentando un negocio boyante. En España y en Estados Unidos, en países que llamamos civilizados —quizá simplemente por darles un nombre— y en países que llamamos no desarrollados, no hay mucha diferencia en el nivel de credulidad ante aseveraciones tan tremendamente sospechosas. Y la gente no sólo paga agua a 140 euros el litro, paga pulseras magnéticas, libros sobre el cuerpo astral, vídeos de extraterrestres de goma y viajes a Bélmez para ver caras mal pintadas en el suelo por una familia cuyas capacidades artísticas son claramente inferiores a sus capacidades mercadotécnicas.

Estrategia para vender misterios

La primera pregunta que debemos responder, para llegar a una forma sencilla de poner a prueba las afirmaciones extravagantes, es por qué la gente cree en estas afirmaciones sin contrastarlas y sin dudar, como lo haría del vendedor de Ferraris a mil euros.

En primer lugar, las afirmaciones del mundo de lo paranormal no se presentan en el mercado de los posibles creyentes y compradores como una creencia o una forma de ficción de entretenimiento más o menos delirante, sino como una forma de *conocimiento*. Pero se trata de un *conocimiento* muy peculiar, porque se asegura que es de alguna forma misterioso y patrimonio no sólo de unas pocas personas, iluminadas, geniales y casi siempre profundamente incomprendidas, sino que, además, se trata de un conocimiento perseguido por un grupo más o menos indefinido de malvados que obtendrán algún beneficio si consiguen reprimirlo. Con esta estrategia de mercadotecnia, quienes quieren convencernos de la existencia de *conocimientos* sobre ciertos fenómenos raros, desusados o que desafían las leyes del Universo, los propagandistas o *periodistas del misterio,* se presentan ante su público como héroes que hacen descubrimientos *im-portantes* que divulgan a riesgo de su propia vida, una mezcla de Bob Woodward y Carl Bernstein —los reporteros que destaparon el *caso Watergate*—, los más arriesgados corresponsales de guerra e Indiana Jones. Para reforzar esa percepción, suelen emplear disfraces *ad hoc*, como chalecos de fotógrafo, sombreros, pantalones de montaña, botas y camisas militares. Todo ello refuerza la percepción en el público de que se trata de personas serias que informan sobre personajes, fenómenos y hechos que merecen credibilidad.

En segundo lugar, tanto los *iluminados* —que no lo son— como los *investigadores* —que tampoco lo son—, los *periodistas del misterio* y el curioso grupo que alterna entre dos o más de estos papeles suelen asegurar que están siendo perseguidos, reprimidos y amenazados por alguna —o muchas— instancias del poder, aunque nunca se ha hecho realidad ninguna de esas supuestas amenazas, incluso cuando ellos revelan los que, dicen, son los más terribles secretos. Entre los represores a los que con más frecuencia acusan estos personajes está la llamada *ciencia oficial*, es decir, la ciencia genuina, la que exige pruebas y evoluciona por la vía de la demostración y no de la afirmación vacua. Están, por supuesto, los *medios de comunicación*, aunque habitualmente todos estos personajes obtienen una parte respetable de sus ingresos por su presencia en los medios de comunicación, lo que contradice sus denuncias. Se incluyen las agencias de espionaje y seguridad del Estado en todo el mundo y, sobre todo, el Gobierno de Estados Unidos. Éste último es la mejor coartada para los buenos *vendedores de misterios*. Si cualquiera de nosotros hace una afirmación, por descabellada que sea, y *al mismo tiempo* asegura que

La serie Expediente X *plasmó a la perfección la mentalidad* conspiranoica *de buena parte de la población de los países desarrollados.*

la Casa Blanca le persigue, logrará de inmediato gran cantidad de simpatizantes. Esto se debe, sin duda, a la poca simpatía que se ha sabido ganar el país de Thomas Jefferson, a su vocación belicista e intervencionista y a un rechazo justificado por su arrogancia. Sin embargo, las atrocidades que comete el Gobierno del país más poderoso del mundo no son prueba alguna de que realmente se ocupe de cualquier chiflado que diga algo delirante.

Así, como falsos perseguidos e incomprendidos, amenazados por desalmados como los que forman el Gobierno de EE UU, los *vendedores de misterios* piden reconocimiento. Esperan que no nos demos cuenta, por ejemplo, de la estupidez de que famosos y acaudalados *vendedores de misterios* cuya dirección aparece en la guía telefónica digan haber sido perseguidos durante décadas por el Gobierno de EE UU sin que los haya podido atrapar o acallar.

En tercer lugar, los temas de los que suelen ocuparse los promotores de lo paranormal son emocionantes, interesantes, se salen de lo cotidiano y de lo aburrido, y prometen grandes maravillas que son además patrimonio sólo de una élite supuestamente rebelde que se opone a creer en la ley de la gravedad. Que tales maravillas nunca se materialicen es asunto aparte. Buscan así presentarse como *expertos* que lo son porque lo dicen, nada más, y que además se ocupan de temas que ellos han decidido que son paranormales, misteriosos, parapsicológicos, etcétera. (No deja de ser curioso que tales *expertos* sean incapaces de definir con claridad qué es lo *paranormal*.) Se venden como seres admirables y sabios estudiosos e investigadores de algo que *no saben qué es*, pero con la certeza de que merecen admiración. Y, si alguna vez han estado en algún sarao del *mundillo del misterio*, un congreso del gremio o los ha entrevistado un periódico extranjero, se presentan además como *expertos reconocidos internacionalmente*, lo cual llama más la atención y establece más bases de credibilidad, como lo hace el que publiquen libros y aparezcan en televisión y radio.

Esto último, la presencia en medios de comunicación audiovisuales, merece la máxima envidia en el imaginario social de hoy en día. Uno de los más grandes sueños de muchísimas personas es, simplemente, salir en televisión, no cantar, actuar, bailar o hacer periodismo en televisión, sólo *salir en televisión*, cómo sea, porque hacerlo se considera valioso por sí mismo y se equipara a una especie de profesión. Incluso individuos como Iker Jiménez, el curandero y adivino Paco Porras y la bruja Lola se vuelven envidiables porque salen en televisión y eso significa que tienen éxito en lo personal, lo profesional y lo económico. Esto ayuda a que el espectador, el posible cliente, se olvide de lo esencial, de que lo importante es la realidad o no de las afirmaciones que se dicen en los medios, si son verdad o son, sencillamente, errores, equivocaciones, mentiras, falsedades, embustes o, con mucha frecuencia, estafas orquestadas para lograr dinero y fama.

Así, como *expertos* en un *conocimiento* misterioso y *héroes* que se arriesgan para divulgar la verdad, esperan el agradecimiento del público, la entrega del fan, la lealtad y la compra de los productos que llevan su nombre, marca o logotipo. Pero lo verdaderamente preocupante es el mensaje que ofrecen: están *salvando* al público de una situación *negativa*, ofreciéndole *conocimientos* que pueden adquirirse sin esfuerzo, sin las exigencias necesarias para saber historia antigua, interpretación de piano, astrofísica, bailes de salón o derecho. Como el ciudadano medio es consciente de que *no sabe casi nada de ciencia* y depende de expertos reales para cosas tan complejas como hacer aviones, sintetizar medicamentos, fabricar ordenadores y construir puentes que no se caigan, los *expertos en misterios* intentan equipararse a los científicos que tienen conocimientos reales y esperan —o exigen— para ellos las mismas consideraciones, los mismos ingresos, el mismo respeto que merecen los científicos, pero sin el coste y la responsabilidad social que ello implica. Y al mismo tiempo quienes no tienen relación con la ciencia ven reforzada una justificación o al menos una visión común, en gran medida culpa de los medios de comunicación y de los profesionales de la ciencia: la de que ésta es difícil, es sólo para científicos, su comprensión exige saber matemáticas, es aburrida, los científicos son personajes extraños cuando menos, y con frecuencia sospechosos, y algunos prejuicios más perpetuados de tal modo que cualquier ciudadano concluye que la actividad científica, el método científico y la actitud crítica y racional no son para la gente común. No son algo para esa mayoría, sometida al bombardeo mediático, dispuesta a prestar atención a *vendedores de misterios*, propagandistas religiosos y supuestos estudiosos que afirman, al mismo tiempo, que la ciencia es sólo una creencia, que los científicos son dogmáticos, cerrados y malévolos, y que a la *ciencia oficial* se contrapone otra forma de *conocimiento* que es fácil de adquirir, emocionante, aventurero y de rápida absorción, que es el que ellos ofrecen a precios asequibles.

Otra cosa ocurriría si los medios difundieran que la ciencia no es difícil para el común de la gente, que para saber ciencia no se requieren aptitudes tan específicas y desarrolladas como las que son indispensables para ser *prima ballerina* del Bolshoi, campeón de esquí o concertista de violonchelo; que la ciencia no es un club para los muy inteligentes o preparados, y que para hacer ciencia no se necesita nada en especial, ningún conocimiento concreto, porque la ciencia es, ante todo, una actividad humana que todos empleamos cotidianamente al acudir a razonamientos y métodos para sobrevivir, para descubrir el Universo, para manipular nuestra realidad. Pero, al no saber que lo hacemos, creemos que el concepto de pensamiento científico, crítico y racional no es patrimonio de todos.

Ciencia para todos

La ciencia no es una actividad que deban ejercer en exclusiva los científicos. La ciencia no es sólo el conocimiento y su acumulación en una estructura ordenada, es esencialmente una actitud y una forma de ver la vida y de aproximarse a la realidad. Los científicos se especializan en los métodos de la ciencia y en el conocimiento, lo cual evidentemente les agradecemos todos porque sus logros redundan en grandes beneficios colectivos. Pero los automóviles no son sólo para los especialistas, para los diseñadores de automóviles y los mecánicos; las casas no están destinadas para que habiten en ellas únicamente los ingenieros que las calculan y los arquitectos que las diseñan; la comida no es sólo para los nutricionistas y la ciencia es, también, para todos. Este mensaje no ha llegado a la calle.

El pensamiento científico y crítico es un elemento esencial del ser humano, de lo que nos hace lo que somos como especie y como individuos. El pensamiento científico incluye entre sus características una viva curiosidad por saber cómo funciona el Universo, una gran inquietud que busca las causas reales de las cosas y saber cómo funcionan, y, finalmente, la audacia necesaria para investigar preguntas muy diversas, desde las que parecen tontas —aunque en realidad no hay preguntas tontas, todas son pertinentes; lo que hay son respuestas insuficientes y respondedores incapaces— hasta las más complejas y abstrusas que sólo muy pocos, ahí sí, pueden entender, y ya no digamos pretender resolver.

Sin los elementos esenciales que conforman el espíritu científico, la actitud que a sabiendas o no compartimos todos, hoy seríamos una banda de primates viviendo en algún lugar en los alrededores de Etiopía, en África, donde aparecieron nuestros ancestros. Eso, si hubiéramos conseguido sobrevivir y no desaparecido, como los primates extintos que hace unos pocos millones de años intentaban subsistir en esa región, cuna de lo que con el tiempo se convertiría en la Humanidad.

Los grises se han convertido en el prototipo de visitante de otro mundo,
aunque no hay ninguna prueba de su existencia (Foto: Can Berkol).

Todos hacemos ciencia, todos los días. Un ejemplo es la forma en que nos enfrentamos a un aparato nuevo que hayamos adquirido, se nos haya regalado o se haya instalado en la oficina. Saber cómo funciona —a veces, incluso, para qué sirve— puede ser algo profundamente complejo o enormemente sencillo, y especialmente difícil si somos alérgicos a los manuales de usuario, algo que tiene características de epidemia en nuestros tiempos. Basta pensar en la forma en que alguien nos mira cuando está buscando respuestas sobre un dispositivo de la tecnología punta y le decimos: «Lee el manual». La actitud es de persona ofendida, insultada y humillada. La mirada que nos dedica parece gritar: «¿Qué es eso de que lea el manual? Yo soy demasiado inteligente y astuto como para tener que leer el manual». Al final, acaba leyéndolo, aunque nunca lo admitirá en público.

No acudiendo al manual, solución que parece una puerta falsa para algunos, casi una cobardía intelectual, ¿cómo nos enfrentamos a dicho aparato absolutamente novedoso? En primer lugar, lo miramos y comparamos sus características con las que conocemos por nuestra experiencia, utilizando nuestra memoria y capacidad de observación. Esta primera aproximación puede, al menos, darnos una idea de las características del trasto, cómo manipularlo, cómo funciona, de qué se trata. Después de observarlo cuidadosamente, si encontramos algo parecido a los botones de encendido que ya conocemos, podemos formular una hipótesis: «Si acciono este interruptor, el aparato se encenderá». Tenemos algunas bases para creerlo, pero sólo hay una forma de constatar si nuestra hipótesis es una descripción adecuada de la realidad o no: probándolo. Eso en ciencia se conoce como someter la hipótesis a la prueba experimental. En resumen, que, con algo de desconfianza y algo más de esperanza en nuestros conocimientos y buena suerte, accionamos el interruptor. Si con esa acción el aparato no estalla, no empieza a consumirse entre llamas y no hace sonar una estridente alarma, sentiremos que ya hemos triunfado en cierta medida. Si, además de no provocar ningún resultado atroz, nuestra acción consigue efectivamente que se encienda, confirmando experimentalmente nuestra hipótesis, nos sentimos como Brad Pitt o Angelina Jolie, según el caso. A lo largo de todo ese proceso, que puede durar sólo unos segundos, estamos actuando de manera estrictamente científica, puesto que todos los pasos mencionados son los que sigue el método experimental, una de las bases de la ciencia.

Volviendo al tema de los Ferraris baratos y su sospechoso vendedor. Ante ello, cualquiera de nosotros seguiría el mismo camino, proceso o método. Primero, observaría la situación y concluiría rápidamente: «Según mi experiencia, esto no puede ser». Pero, si el vendedor demuestra tener los Ferraris y unos papeles que dicen que es su dueño y que los puede vender a mil euros, cien o tirarlos al mar si le apetece, pasaremos a decir: «Es muy poco probable que la historia sea cierta, pero al menos hay pruebas concretas que puedo explorar para ver si es real la pequeña probabilidad de que lo sea». Aquí entrarían distintas conjeturas. El vendedor puede ser un millonario excéntrico. Si tiene Ferraris y viste de modo tan desenfadado, podría ser: la gente con mucho dinero suele aburrirse y hacer cosas extravagantes. También podríamos estar ante algo parecido a la vieja historia del hombre que a su muerte ordena que se venda su auto de lujo y el dinero se le entregue a su amante, y la viuda cumple sus deseos vendiendo el coche en cien dólares para perjudicar y humillar a la amante, vengándose de los años de infidelidades.

Acudiendo a esas conjeturas, hay una pequeña probabilidad de que existan esos Ferraris que podemos comprar a mil euros. ¿Qué harían ustedes? ¿Qué haría cualquiera ante esa probabilidad, que debe contraponer a la posibilidad de un timo original y de mecanismo desconocido? Primero, pediríamos ver el auto físicamente. Tendríamos que poder verlo, tocarlo, probarlo, sentir cómo responde, ver que es efectivamente de metal y no de plástico o de cartón piedra, que las tapicerías son como las de Ferrari, de fina piel y no de plástico vulgar. Pero nuestro análisis seguramente no nos bastaría, como no nos basta al comprar un coche de segunda mano, de modo que lo llevaríamos a un mecánico para que lo revisara —sería un mecánico amigo nuestro; no del vendedor de Ferraris, por supuesto— y nos dijera si hay truco o no, si el coche es lo que se nos dice que es. La revisión comprendería todos los aspectos claves del funcionamiento, el diseño y la certificación de la autenticidad del automóvil según la experiencia de alguien que sabe del asunto mucho más que nosotros. Después, quizá acudiríamos a nuestro abogado para que revisara, con microscopio de alta potencia, los papeles que certifican que el vendedor existe y es propietario del vehículo.

Si obtuviéramos resultados favorables de nuestros experimentos —la conducción del vehículo, la revisión del mecánico y las comprobaciones legales y comerciales—, quizá estaríamos lo bastante seguros como para hacer la entrega del dinero correspondiente a cambio del automóvil de rebaja delirante. Habríamos actuado racionalmente, usando el pensamiento crítico, que es nuestra mejor arma. Habríamos actuado científicamente. El pensamiento irracional nos podría haber llevado a actuar impulsivamente, pensar que estábamos ante una oportunidad única si no actuábamos rápido y deshacernos de mil euros cuando lo más probable iba a ser que jamás viéramos el Ferrari ni, mucho menos, las orejas al vendedor, que se esfumaría tras recibir el dinero.

Al igual que todos actuamos de modo científico en ciertas ocasiones, también es verdad que todos caemos en el pensamiento irracional, en las conclusiones apresuradas, en las creencias descabelladas y en el autoengaño y la arrogancia. Así, por ejemplo, Aristóteles, uno de los más conocidos filósofos y la fuerza dominante del pensamiento en Occidente durante dos milenios, afirmó en uno de sus escritos que las mujeres tenían menos dientes que los hombres. El filósofo y pacifista Bertrand Russell hizo notar que el bueno de Aristóteles se había casado dos veces en su vida y, sin embargo, nunca se le ocurrió contarles los dientes a sus esposas. El resultado fue que tal creencia irracional se convirtió en una afirmación aceptada por muy distintas sociedades siglo tras siglo, y de hecho llegó a considerarse una herejía poner siquiera en duda las palabras de Aristóteles. Hubo de llegar otra visión del mundo para que alguien contara los dientes de hombres y mujeres, y demostrara que la mayoría de los seres humanos, hombres y mujeres, tiene 32 piezas dentales. Lo mismo ocurrió con otras afirmaciones aristotélicas, como la que sostenía que las moscas tenían cuatro patas, lo que bastó para que durante muchísimo tiempo a nadie se le ocurriera contar las patas de las moscas. Tuvo que llegar el método científico.

El método científico

El método científico moderno no fue establecido ordenadamente sino hasta el Renacimiento, gracias a personajes como Leonardo da Vinci. El artista y científico italiano afirmó que la experiencia era la madre de todas las cosas y que sólo se podía razonar sobre ella, en lugar de utilizar el método aristotélico previo de tratar de razonar sobre las cosas y, si se llega a un razonamiento que parezca brillante o sólido, se designa como explicación suficiente de la verdad y, si la realidad no se ajusta a nuestros razonamientos, la responsabilidad es toda de la realidad. El personaje clave de la historia fue, sin embargo, Francis Bacon, que estableció de modo explícito y claro las bases del método de las ciencias experimentales: observar la realidad, derivar hipótesis de nuestras observaciones y someter las hipótesis a prueba mediante la experimentación. Evidentemente, algunas ciencias, como la astronomía, no pueden experimentar, pero sí pueden utilizar otros métodos, como la comparación de observaciones y la aplicación de las matemáticas para llegar a certezas razonables.

Mi forma personal de homenajear a Bacon, como uno de los primeros mártires de la experimentación científica, es presentarlo con un pollo congelado. Esto, que podría parecer una falta de respeto, no lo es si sabemos que ciertas observaciones propias y ajenas le dieron a Bacon la idea de que el frío tenía la capacidad de conservar la carne, evitando la putrefacción. Fiel a su convicción experimental, durante una tormenta de nieve salió al aire libre para rellenar un pollo de nieve. Bacon rellenó el pollo de nieve, y el pollo se conservó. Desafortunadamente, como resultado de su experiencia, pescó una neumonía atroz que le costó la vida al cabo de un mes.

El método científico —gracias al cual se aceleró exponencialmente la acumulación de conocimiento hasta nuestros días— nos da una forma clara y fiable de poner a prueba lo que dice el vendedor de Ferraris y todo lo que sostienen quienes hacen afirmaciones extravagantes. Desafortunadamente, ese método que tenemos para evitar ser timados por una venta o por una oferta más apegada a la realidad no lo usamos frecuentemente ante afirmaciones extravagantes de ciertas áreas de la creencia que, con frecuencia, son además negocios organizados que implican una gran cantidad de dinero y que se cobijan bajo palabras como *esotérico, místico, parapsicológico, alternativo, natural, tradicional* o, directamente, *mágico*; palabras todas que se traducen en una sola: *embuste*.

Por fortuna, la lucha contra las afirmaciones extravagantes y las creencias irracionales ocupa en todo el mundo a muchas personas que, incluso, han logrado establecer cátedras universitarias dedicadas al pensamiento crítico y creativo. Uno pensaría que *toda* la educación se debería dedicar a conseguir que los alumnos piensen de manera crítica y creativa, y no sólo a la repetición mecánica de información que muchas veces no se entiende, pero la realidad es que, salvo a los alumnos, a casi nadie le conviene que las mayorías piensen de manera crítica, y por tanto los programas educativos casi nunca lo promueven.

Un sistema para detectar camelos

En la Universidad Metodista del Sur (Dallas, EE UU) hay un curso sobre *El método científico: pensamiento crítico y creativo, desenmascarar a las pseudociencias*, diseñado e impartido por John L. Cotton y Randall J. Scalise, doctores en Física. Estos dos científicos han desarrollado una lista de veinticuatro preguntas que pueden —y deben— hacerse cada vez que nos enfrentamos a alguna forma de pensamiento extravagante, a alguna novedosa *forma de curación*, a algún impresionante *contacto extraterrestre*, a alguna propuesta para alargar el miembro viril mediante la *hipnosis* y a muchas otras cosas más que diariamente ocupan espacios en los medios de comunicación.

Con autorización de Scalise, he adaptado la lista y le he añadido un punto. El crédito corresponde, primero, a Cotton y Scalise, quienes, a su vez, dan crédito a autores como Michael Shermer, Robert Park, Carl Sagan y otros que «han escrito libros y artículos sobre estos temas. Todos ellos han generado listas de cosas que hay que tener presentes y preguntas que deben hacerse para detectar las afirmaciones falaces e incluso el fraude directo». Ellos resumieron esas listas en una *Colección para la detección de disparates*. Ninguna lista de preguntas, claro, basta para detectar todas las afirmaciones absurdas y los dislates de quienes sustentan creencias descabelladas o viven de ellas —que no es lo mismo—, porque no hay nada que sustituya al sentido común. Sin embargo, en las preguntas de esta lista, el ciudadano común y corriente tendrá un asidero sólido cuando el canto de las sirenas lo atraiga a arrojarse por el precipicio del despropósito, la ignorancia y la irracionalidad, y a entregar su dinero, compromiso personal o admiración a alguien que vende lo que en realidad no tiene. Éstas son las preguntas.

1. ¿Cómo se anuncia el alegato o descubrimiento?

Un descubrimiento científico no sale del laboratorio directo a los periódicos. Debe presentarse en artículos que explican en detalle cómo se llegó a la conclusión, cómo se hizo el experimento, qué controles hubo, etcétera. Estos artículos se revisan por investigadores expertos en la materia antes de ser aceptados en una revista científica. Todo ello tiene por objeto evitar que se publiquen como ciertas afirmaciones insostenibles y pseudocientíficas. En esas revistas se han publicado descubrimientos como la teoría de la relatividad de Albert Einstein, la mecánica cuántica de Max Planck —de la que suelen echar mano los charlatanes sin tener la más vaga idea de qué significa—, la vacuna contra la poliomielitis, los principios de la energía solar y eólica, los primeros intentos de trasplante, la determinación de la forma y composición del ADN, y prácticamente todas las cosas que *sirven, funcionan, son reales y mejoran nuestra vida*. Si el anuncio se hace en una conferencia de prensa, en una revista de dudosa o nula seriedad, o en un progra-

ma de televisión, hay que ser cauteloso, pues quizá *nadie* haya ve-
rificado la validez de la afirmación, es decir, no ha sido corroborada por estudiosos independientes (no por los amigos del charlatán,
ojo). Y, si de inmediato le piden dinero para suscribirse a un bole-
tín, revista, web, lista de correos, curso o club iniciático, agarre su
billetera con las dos manos y salga huyendo.

2. ¿La persona o grupo en cuestión suele hacer alegatos de ese tipo con frecuencia?

Si la fuente del sorprendente *descubrimiento* o afirmación
hace con frecuencia alegatos que no se relacionan en lo más mínimo con el conocimiento del que disponemos en la actualidad,
cuidado. El mejor ejemplo son los profetas que anuncian cada
cierto tiempo el fin del mundo, esperando algún día atinar (quizá
creen que cuando el mundo sí se acabe van a ganar mucho salien-
do en televisión). Otro ejemplo son los que empiezan jurando que
graban las voces de los muertos y acaban ofreciendo cursos sobre
chakras, historias de duendes o cuentos de platillos volantes.

3. ¿Lo que se cita como prueba es evidencia anecdótica?

Las anécdotas o relatos individuales carecen de utilidad científica y son, como mucho, indicios para sugerir posibles investigaciones. Recoger anécdotas o testimonios *no es investigación*. Las
anécdotas sólo demuestran lo que una persona cree, suponiendo
que no esté mintiendo. No se puede inferir ningún principio ge-
neralizado a partir de una anécdota, ni de varias. Las afirmaciones,
inventos, descubrimientos o relatos que citan grandes cantidades
de anécdotas o testimonios sin ninguna prueba sólida son sospe-

chosos. En el delicado terreno de la salud, es frecuente escuchar, para sustentar alguna recomendación, cosas como: «Mi prima se curó con eso». Por supuesto, la prima *no sabe* si realmente se curó con *eso* —pócima, hierba, ritual…—, por el tratamiento médico que al principio no parecía dar resultados, por un cambio de tiempo que permitió que reaccionara su cuerpo, porque dejó de usar una prenda hecha de un material al que era alérgica sin saberlo, o porque el cuerpo se cura solo de la mayoría de sus afecciones. Establecer con certeza una relación causal entre dos acontecimientos y no equivocarse simplemente creyendo no es tan sencillo, requiere estudios muy profundos y controlados.

4. ¿LA FUENTE ALEGA QUE «LA CIENCIA ESTABLECIDA —O ALGÚN PODER ESTATAL O POLICIACO— ESTÁ TRATANDO DE REPRIMIR ESTE DESCUBRIMIENTO»?

Esta afirmación debe disparar una alerta roja. Las acusaciones contra represores, en especial, el Gobierno de EE UU, simplemente buscan la simpatía que el noble espíritu humano siente hacia los Davides que luchan contra malévolos Goliats poderosos, y aprovechan que la gente en general no sabe cómo funciona la investigación científica y la ciencia reales. Quienes hacen este tipo de declaraciones no suelen tener ninguna prueba real de que la *ciencia establecida* —sea lo que sea que eso signifique—, la CIA, el MI5, los Illuminati, el Ejército o a quien sea que acusen estén realmente reprimiéndolos. Y, además, aún si alguien fuera perseguido realmente por un brazo del poder, eso no prueba que sus afirmaciones sean verdad. El poder político se mueve por el miedo, no por la razón, y bien puede vigilar a alguien que hace afirmaciones relacionadas con la seguridad de un país, sin que eso convalide tales afirmaciones.

5. ¿El alegato encaja en lo que sabemos del Universo?

Sabemos mucho sobre nuestro Universo, realmente mucho más de lo que imaginan quienes desprecian la ciencia y promueven afirmaciones extravagantes. Sabemos cada vez más. Y, en el proceso de obtener ese cúmulo de conocimientos —que sigue siendo insuficiente, comparado con todo lo que ignoramos—, hemos descubierto el asombroso hecho de que todos esos conocimientos son armónicos y conforman un enorme tejido exento de contradicciones, salvo en lo referente a interpretaciones acerca de lo que todavía ignoramos. La ciencia avanza todo el tiempo, a diferencia de las pseudociencias y falsedades. ¿La afirmación que se ofrece para nuestro consumo encaja en ese contexto de conocimiento ya adquirido? El historiador de la ciencia Michael Shermer destaca, por ejemplo, que la afirmación de los integristas cristianos creacionistas de que la Tierra sólo tiene 6.000 años de antigüedad exige que aceptemos también que *todo* lo que se sabe acerca de nuestro planeta y el Sistema Solar mediante la astronomía, la física, la geología, la biología, la paleontología y otras ciencias es completamente falso. Y no lo es.

6. ¿El descubrimiento se realizó en una situación de aislamiento?

En el pasado, personas brillantes sin educación científica previa podían hacer descubrimientos científicos relevantes trabajando en su gabinete. Hoy eso es prácticamente imposible. Las cosas fáciles de descubrir ya se han descubierto, incluso varias veces. Es por tanto más probable que la persona sin formación científica que anuncie un gran *descubrimiento* esté malinterpretando un efecto natural ya conocido. En 1986, en México, el ingeniero

Librería esotérica del centro de Londres en la que se lee la buena fortuna en el escaparate (Foto: Luis Alfonso Gámez).

León Roque *descubrió*, según él en solitario y en medio de la incomprensión, que la corteza del árbol del tepezcohuite —una acacia— era «buena para las quemaduras» —así, en general—, obtuvo una patente en EE UU —lo cual no significa nada— y se puso a comercializar la corteza del tepezcohuite reducida a polvo.

El agente activo del tepezcohuite es el ácido tánico, el mismo que se usa para curtir pieles. En el pasado, la medicina ya lo había usado para tratar quemaduras, pero se abandonó al haber remedios más efectivos y menos peligrosos. Además, la patente de Roque podía ser considerada biopiratería, pues las propiedades del tepezcohuite en polvo ya eran conocidas por los mayas desde el siglo x. Por supuesto, quienes se beneficiaban de este nuevo curalotodo no aceptaron esta explicación, y al cabo de unos meses ya se vendía champú de tepezcohuite para evitar la caída del pelo, chicle de tepezcohuite anticaries, pomada de tepezcohuite para tener un cutis fresco y radiante, y mil productos más, sin siquiera explicar por qué algo «bueno para las quemaduras» sirve además para el pelo, las caries, el cutis, etcétera. Cuando los hospitales probaron el tepezcohuite, los resultados fueron terribles y su uso médico se abandonó. Pero aún se pueden encontrar productos con este ingrediente, rodeados de verborrea estridente sobre sus *mágicas* propiedades, en tiendas supuestamente *naturistas*.

La ciencia actual es producto de la colaboración de distintas ramas del conocimiento, es muy poco probable que aparezca otro Thomas Alva Edison aislado y es totalmente imposible que aparezcan tantos como se anuncian en las *revistas paranormales*.

7. ¿Alguien ha tratado de refutar el alegato?

Al hilo de la idea de la colaboración, es muy importante determinar si otros investigadores —independientes, no cómplices, amigos o compañeros de creencias del que hace la afirmación— han tratado de duplicar el trabajo en cuestión. Es para esto que los científicos de verdad publican detallados artículos en las revistas serias: para que otros investigadores competentes intenten reproducir los experimentos. Esos otros investigadores repiten los procedimientos y publican sus resultados y, si coinciden con los originales, se puede aceptar que son reales, no antes. En muchos casos, este mecanismo ha demostrado que el primer experimento era inválido.

8. ¿La fuente —persona o grupo— ofrece una nueva explicación para fenómenos observados o simplemente está atacando la explicación ya existente?

Cualquier persona que ataque una explicación ya existente deberá probar tanto que es incorrecta como que su explicación alternativa —si la tiene— es más sólida. Si no pone sobre la mesa pruebas, lo único que podemos concluir es que no le gusta la explicación existente, nada más.

Sabemos, por ejemplo, que los objetos que se ven en el cielo son estrellas, cometas, meteoritos, satélites humanos, naves espaciales humanas, aviones, helicópteros, globos aerostáticos, paracaidistas, relámpagos, pájaros diversos y cosas así de vulgares. Si alguien pretende cambiar esas explicaciones por una en la cual un objeto más o menos difuso fotografiado por un ciudadano incapaz de enfocar una cámara es una nave extraterrestre, necesita pruebas bastante más sólidas que la clásica fotografía borrosa. Necesita, por lo menos, a los extraterrestres en persona con su correspondiente prueba de ADN. El salto lógico inmenso que va de un manchón en una foto a una civilización completa que viola las leyes físicas del Universo requiere de evidencias muy sólidas para justificar que lo demos.

9. ¿La fuente alega que «este conocimiento ha sobrevivido tanto tiempo que debe ser bueno»?

Las cosas antiguas impresionan mucho a los *vendedores de misterios*. Por desgracia, las que no funcionaban hace cientos de años siguen sin funcionar hoy, y sólo tienen el aparente valor de ser antiguas o tradicionales. Dado que la gente suele creer que la permanencia es un valor, con frecuencia se inventan antigüedades. El tarot, un producto del Renacimiento a partir de barajas traídas de Oriente, se presenta como una creación antigua, y se remonta al Egipto de los faraones porque impresiona más al público. A la tabla ouija, que fue inventada como juego a fines del siglo XIX, también se le atribuye un origen egipcio.

En realidad muchas cosas que se *descubrieron* en el pasado son joyas de la sabiduría ancestral como que «la Tierra es plana», «las enfermedades las causan los demonios», «los aristócratas tienen la sangre azul», «si uno se momifica, vuelve a la vida», «hay cuatro elementos: agua, aire, tierra y fuego»… El tiempo ha demostrado que todas estas afirmaciones no tienen base real, aunque sobrevivan. La antigüedad o tradicionalidad de una afirmación no le da ningún crédito. Lo que importa son las pruebas.

10. ¿El efecto observado es demasiado pequeño y lo acompaña la imposibilidad de aumentarlo?

Una pregunta compañera de ésta debe ser: ¿el experimento es una medición directa o echa mano de estadísticas múltiples?

Las afirmaciones extravagantes suelen ser contundentes, impresionantes y emocionantes, como: «Hay gente que puede mover objetos con la mente». Para sustentarlo, suele acudirse a los trucos de escenario de personajes como Rosa Kuleshkova, Nina Kulagina y Uri Geller, esperando que el público no sepa que se ha probado que son ilusionistas y se conocen sus trucos. Cuando se lleva una afirmación maravillosa como ésa al laboratorio, no ocurren los fenómenos que se presentan en los espectáculos donde cobran quienes tienen los supuestos poderes. En lugar de mover un bolígrafo, se va probando a ver si se pueden mover cosas más pequeñas, y van modificando la idea original hasta hacer estudios estadísticos buscando demostrar que alguien puede mover a distancia objetos de apenas unas millonésimas de gramo de peso o los electrones de un generador de números aleatorios. Aún en esos casos, los resultados apenas se apartan de lo esperado por el azar, y cualquier efecto mínimo es magnificado mediáticamente *dejando de lado la afirmación original*. Así ocurrió con los estudios sobre percepción extrasensorial de Joseph B. Rhine en la Universidad de Duke (EE UU), que decidió que los extraordinarios resultados logrados por Rhine habían sido falseados y hoy sólo financia investigaciones en temas como las neurociencias, la antropología cultural y la física de partículas.

En resumen, la primera afirmación jamás se demuestra. Y, según lo que sabemos de estadística, las variaciones en muestras enormemente grandes suelen deberse más a un pequeño sesgo en el diseño experimental que a un efecto verdadero. La estadística tiene su valor; pero, si no está apoyada en otras pruebas, resulta inútil.

11. ¿Las pruebas del *descubrimiento* no mejoran con el tiempo?

Esta pregunta se relaciona estrechamente con la anterior. Si el efecto observado es en realidad un pequeño sesgo del protocolo experimental, nada que haga el investigador podrá aumentar el efecto. Para la comprobación, vale la pena estar atentos a los resultados de experimentos posteriores. Si resulta que el efecto observado se hace de hecho más pequeño conforme mejoran los métodos experimentales, lo más probable es que un experimento ideal demuestre que no existe.

En ciencia, lo que costó mucho trabajo a los pioneros se vuelve trivial para sus sucesores al mejorar las técnicas experimentales para obtener mediciones más precisas y útiles, y mejores resultados. Ejemplos claros son el avance de la miniaturización y el de la eficiencia de las baterías recargables.

12. ¿Hacia dónde apunta la mayor parte de las pruebas, al nuevo alegato o a otra cosa?

Pregúntese si quien formula la *explicación* se está concentrando en un detalle muy pequeño e ignorando una enorme cantidad de pruebas acumuladas que indican que la explicación es otra. Es decir, tenga presente el contexto al analizar las pruebas.

13. ¿Qué tipo de razonamiento se usó?

Esto se relaciona con la *prueba testimonial* mencionada en la tercera pregunta. Creer que dos acontecimientos que se suceden en el tiempo guardan entre sí una relación causal es una falacia conocida como *post hoc, ergo propter hoc* (después de esto, por tanto a causa de esto). Hay un error que ilustra este pensamiento. Muchas personas deben someterse a tratamientos médicos prolongados que pueden llegar a ser desesperantes. Estos tratamientos en ocasiones no ofrecen ninguna sensación de mejoría en las primeras etapas. Si el paciente va entonces a algún médico brujo o curandero —ahora les gusta llamarse *sanadores*— y poco después empieza a experimentar una mejoría, es habitual que lo atribuya al sanador (*post hoc, ergo propter hoc*) y no al tratamiento médico, aunque realmente el médico brujo no haya tenido ningún efecto.

Uno de los pictogramas dibujados en los campos de cereal británicos desde finales de los años 70.

Las supersticiones son otro ejemplo de este pensamiento falaz. Si aprobamos un examen difícil un día en que no nos cambiamos de ropa interior, un razonamiento falaz nos puede hacer suponer que no cambiarse de ropa interior es algo que hace que aprobemos el examen, por lo cual podemos incurrir en la práctica supersticiosa de no cambiarnos de ropa interior cuando vayamos a tener examen.

Malos razonamientos son las técnicas cuestionables como la regresión hipnótica, las pruebas de mala calidad como las fotos borrosas, las teorías de la conspiración y los sencillos errores de percepción que se nos presentan como *pruebas*. Para saber si alguien es telépata, no vale que nos lo asegure un astrólogo.

14. ¿LA NUEVA AFIRMACIÓN OFRECE UNA NUEVA EXPLICACIÓN A ALGÚN FENÓMENO Y, EN TAL CASO, EXPLICA TANTOS FENÓMENOS COMO LA ANTERIOR O MÁS?

La teoría de la relatividad de Einstein, por ejemplo, explicaba más fenómenos de los que podía explicar la mecánica clásica newtoniana. Pero, a velocidades muy inferiores a las de la luz, la relatividad se reduce a la mecánica clásica de Newton.

15. ¿HAY ALGUNA INDICACIÓN DE QUE LAS CREENCIAS Y PREJUICIOS DE LA PERSONA O GRUPO QUE HACE LA AFIRMACIÓN ESTÉN INFLUYENDO EN LAS CONCLUSIONES?

¿Se han ignorado o echado a un lado otras pruebas? Para tener una explicación de las cosas, se deben tener en cuenta *todas* las pruebas, no sólo las que nos convienen. El proceso científico está diseñado para conseguir esto, precisamente.

16. ¿ES POSIBLE PROBAR LA AFIRMACIÓN?

Las explicaciones que no hacen predicciones que se puedan probar son inútiles y no añaden nada al conocimiento. Si se afirma, digamos, que las posiciones de algunas estrellas y planetas cuidadosamente seleccionados afectan de manera clara a los acontecimientos en la Tierra, tanto que hay gente dispuesta a cobrar por descifrar tales influencias, deben poder hacerse predicciones comprobables. Cuando se llega a esto, los astrólogos arguyen que «las estrellas no determinan, sólo influyen» y cosas así, con lo cual *hacen imposible que se pruebe si sus predicciones son reales* o, como parece, charlatanería. Afirmaciones como «Dios lo hizo» tampoco se pueden probar.

Un ejemplo de este modo de actuar es el del conocido ufólogo y *conspiranoico* —de *conspiración* y *paranoia*— mexicano Jaime Mausán. En un programa de televisión con él, varios periodistas demostramos que el *ovni del eclipse* filmado en 1991 era Venus y que, aunque parecía que el objeto se movía, lo que realmente se movía era la mano del cámara, alarmado al creer que estaba grabando una nave extraterrestre auténtica. Desesperado ante nuestras demostraciones de las posiciones del ovni y de Venus, Mausán acabó afirmando que el ovni estaba «enfrente de Venus», convirtiendo todo el asunto en indemostrable. Si una afirmación no se puede someter a prueba, no merece la pena tenerla en cuenta. Al menos, en el terreno de la ciencia.

17. ¿Se ofrece una cadena de pruebas (eslabones)?

Si la fuente presenta una cadena de eslabones probatorios de un alegato, *todos* los eslabones deben ser sólidos. Una cadena probatoria es inútil si falla uno de sus eslabones. Si alguien alega que A causa B, B causa C, C causa D y D causa E —la conclusión lógica es que A causa en última instancia a E—, más vale que esté listo para demostrar *todos* los eslabones. Si, por ejemplo, se prueban todos los eslabones excepto que C causa D, que no se puede probar, entonces no se puede decir que A dé como resultado E.

18. En casos extremos, como las afirmaciones sobre ovnis, ¿puede descartarse con certeza la posibilidad de un fraude o un bulo?

Las pruebas sobre los *platillos voladores* son generalmente fotográficas o de vídeo. La tecnología de imágenes actual es tal que resulta muy difícil detectar una fotografía fraudulenta sometiéndola a examen, algo que no siempre se puede, porque los negativos tienden a perderse y se facilitan copias que no se pueden analizar. No olvidemos que películas como *2001, una odisea del espacio* se hicieron cuando no había animación computarizada y, sin embargo, los efectos especiales son impresionantes. Así, la afirmación de que una imagen «ha pasado por todas las pruebas fotográficas» parte de una idea falsa: que los expertos en fotografía pueden detectar todos los fraudes, cosa que no es cierta, ni lo ha sido nunca. Que un experto no detecte el fraude simplemente demuestra que está muy bien hecho. A menos que se pueda descontar totalmente el fraude, queda siempre la probabilidad de que las pruebas y las afirmaciones sean falsas.

19. ¿EL INVENTO VIOLARÍA LAS LEYES DE LA TERMODINÁMICA?

Siempre hay que tener presentes las leyes de la termodinámica. El Universo, quiéranlo o no los creyentes en lo mágico, funciona de acuerdo con un conjunto de leyes físicas que entendemos muy razonablemente. Esas leyes rigen *todo* lo que pasa, describiendo con precisión lo que se puede hacer y lo que no se puede hacer. No hay inteligencia tal, por extraterrestre que sea, que pueda violar esas leyes.

La *Primera Ley de la Termodinámica* dice, simplemente, que «no se puede ganar». La energía se conserva, no se crea mágicamente. El latinajo correspondiente es *non gratuitum prandium*, es decir, que no hay almuerzos gratis. No se puede obtener energía térmica de una sola fuente, se requiere que haya un flujo de calor de lo caliente a lo frío.

La *Segunda Ley de la Termodinámica* dice que «no se puede empatar». Todo proceso de conversión de la energía tiene pérdidas, es decir, la cantidad de energía que se extraiga de él será menor que la energía que se había invertido en él. La diferencia es calor perdido, y colabora con la creciente entropía del Universo. Nadie nunca ha descubierto una forma de impedir esto. Por supuesto, si alguien dice que «los extraterrestres sí pueden hacerlo», tiene que demostrar cómo con una explicación clara y detallada, no sólo hacer la afirmación.

La intención mágica de obtener «algo a cambio de nada» o «mucho a cambio de poco» nunca se hace realidad, por mucho que nos gustara que fuera verdad.

20. ¿La afirmación o el descubrimiento es verdaderamente espectacular?

En palabras sencillas, los científicos dicen que «las afirmaciones extraordinarias demandan pruebas extraordinarias». Si una afirmación niega el conocimiento existente o abre vías totalmente nuevas, debe ofrecer pruebas sólidas de que merece atención. Si se alega que se ha descubierto vida en Marte o que alguien ha conseguido detener el proceso de envejecimiento, se requieren pruebas verdaderamente extraordinarias para demostrarlo. Una observación vaga, unas pocas anécdotas, un acierto al azar… no bastan. Si bastaran, nos creeríamos cualquier pamplina simplemente al escucharla.

21. Cuidado con las defensas especiales

Se debe tener especial cautela ante cualquier alegato o excusa de que el efecto que se alega no puede medirse por alguna razón. La coartada habitual es que «la presencia de un no creyente impide el efecto». En realidad, el efecto desaparece cuando el encargado de hacerlo *se entera* de que hay un escéptico presente. No importa cuántos no creyentes haya entre el público, las maravillas seguirán ocurriendo; pero, si el ejecutante se entera de que hay presentes escépticos que buscan someterlo a una investigación seria, entonces y sólo entonces deja de haber efectos, en realidad, trucos que se podían descubrir. Otro alegato igualmente tramposo es que «medir el efecto lo destruye». En pocas palabras, si no se puede medir un efecto, lo más probable es que no exista y que lo demás sean coartadas para seguir con el engaño.

22. Si el efecto se mide en una muestra, ¿cómo se obtuvo esa muestra?

La medición estadística demanda que se tenga una muestra verdaderamente aleatoria. La obtención de tal muestra es toda una especialidad, y es algo mucho más difícil de lo que muchos creen. Si el muestreo es incorrecto por alguna de muchas causas, habrá problemas que pueden sesgar gravemente los resultados. Si para una encuesta deseamos una muestra al azar, no vale abrir la guía telefónica al azar, pues dejaríamos fuera de la muestra a quienes no tienen teléfono o no aparecen en la guía. Ir al centro de la ciudad a elegir peatones al azar excluirá a todas las personas que no suelen ir al centro. Obtener una muestra verdaderamente aleatoria y, por tanto, representativa no es fácil. Y, claro, especialmente sospechoso resulta cuando la *muestra* está compuesta únicamente de discípulos, creyentes, seguidores, aficionados, colegas o compañeros de los que hacen el alegato.

*Una de las fotografías de las hadas de Cottingley que Arthur Conan Doyle
consideró prueba de la existencia de esos seres.*

23. Cuidado con el pensamiento del tipo: «No puede ser,
así que no es»

En el incidente de las hadas de Cottingley, en 1917, dos
niñas tomaron fotografías que supuestamente las mostraban ju-
gando con hadas en el bosque. Algunas personas pensaron que
esas niñas no podían realizar un fraude así, y concluyeron que
estaban ante fotos genuinas de hadas. Cayó en el engaño hasta
Arthur Conan Doyle, que, pese a haber creado un personaje científico y escéptico como Sherlock Holmes, era sumamente cré-
dulo. Al final, se demostró que las niñas habían recortado las *hadas* de revistas y las habían fotografiado para una broma que se les

fue de las manos cuando otras personas vieron las imágenes. Después de todo, aunque no se tuvo en cuenta, el padre de una y tío de la otra era fotógrafo.

Este argumento debe recordarse cuando se alega, por ejemplo, que alguien no pudo falsificar sus fotos de ovnis o de fantasmas, sobre todo cuando parece que sí pudo.

24. Tenga en cuenta la ortografía y la gramática

Al leer una web, un panfleto o cualquier otra cosa, debemos tener en cuenta cómo está escrito. Un sitio web o material impreso lleno de faltas de ortografía y con mala gramática es altamente sospechoso. En general, llama la atención que *iluminados* que han «trascendido los groseros límites del espíritu humano» y que dicen estar en «una etapa superior» no sepan siquiera comunicarse correctamente.

25. ¿El alegato acude a alguna forma de la magia?

La magia es la idea de que se puede obtener algo a cambio de nada por medio de acciones, palabras o seres imaginarios que violan las leyes de la Naturaleza. La forma más clara es la magia representativa, que pretende que un símbolo de la realidad puede afectar a la realidad misma. Así, pintar un bisonte en una cueva con mi lanza atravesándolo hará que en la cacería mi lanza atraviese y mate al bisonte realmente. El vudú es la clásica forma de magia representativa: si hiero con una aguja la representación de una persona, le causaré daño en la parte del cuerpo correspondiente a la dañada en el muñeco. O bien, la oreja representa un feto, clavo una aguja en el punto que representa, según yo, el hígado, y entonces el hígado real se cura. Es curioso que en este sentido la acupuntura —en este caso, la auriculopuntura— sea como el vudú, aunque la aguja hace el bien en lugar de hacer el mal. Se puede decir que la acupuntura es vudú, pero de buen rollito.

El remedio de la medicina tradicional china que receta pene de ciervo para la impotencia y las creencias similares sobre el cuerno de rinoceronte y el ginseng se basan en la magia representativa y suponen que algo que parece un pene *ayuda al pene*, aunque nunca lo demuestren. Lo mismo pasa con la astrología y su afirmación de que *como es arriba es abajo*, sin que nunca se hayan detenido a demostrar esa afirmación. Un caso final es la homeopatía, que afirma que las enfermedades se curan con sustancias que provoquen los mismos síntomas. La idea de que una quemadura se debe tratar con algo que arda o que una fiebre gripal se cure infectándonos de malaria —que también provoca fiebre— es claramente contraria a lo que sabemos.

El principal problema es que la magia nunca ha servido, y no hay nada que nos haga suponer que esto cambiará.

Si estas veinticinco preguntas y advertencias no bastan, se debe echar mano del sentido común. Al ejercitarlo, se evitará el riesgo de acabar en las fauces de peligrosos creyentes fanáticos que pueden costarle dinero, salud, dignidad y hasta la vida, o de ser pasto y manutención de charlatanes que *saben a ciencia cierta que mienten* y de ello hacen su desvergonzado modo de vida. La diversidad de extravagancias en venta es enorme y cada día hay más, y más se van entrecruzando. Las encontramos en los medios audiovisuales, en revistas, en anuncios de periódicos, en Internet. Y lo más alarmante es que en los medios no hay nada que las contradiga.

Dado que es imposible para la mayoría de nosotros estar enterados de todos los aspectos de cada una de estas afirmaciones, la única forma de enfrentarlas es preguntar y dudar. Si nos hablan de *energía*, debemos preguntar cómo se mide esa energía, qué frecuencia tiene, qué amplitud y qué potencia. Pero, sobre todo, ¿cómo sabemos que está ahí? Si no existe un indicio medible, prueba de que en un sitio hay esa energía y en otro no, lo más probable es que no la haya. Los *vendedores de misterios* hablan del chi, de la energía vital, de la energía del cuerpo astral, de la energía positiva. ¿Alguna vez han demostrado que existe alguna de ellas?

Las preguntas, sobre todo las incómodas, son la mejor forma de poner a prueba las afirmaciones que se nos presentan. ¿Por qué los extraterrestres vienen para darnos mensajes de espiritualidad blanducha repetida mil veces? ¿Quienes son las personas a las que este curandero ha sanado y dónde está demostrado que hayan sido curadas? ¿Qué médico diagnosticó la enfermedad? ¿Puede el adivino hacer una predicción concreta? Al principio de cada año los brujos hacen predicciones y, cuando se revisan en diciembre, se comprueba que, en realidad, se equivocan en la gran mayoría de los casos y cuando aciertan suele ser con predicciones obvias o repetidas. Desde 1988 *predijeron* la muerte de Juan Pablo II, hasta que en 2005 *acertaron*. Lo mismo pasa con Fidel Castro, cuya muerte es predicha todos los años, a veces por el mismo *profeta*, que sabe que algún día *acertará*… incluso en el caso de Castro.

Si uno no sabe nada sobre el tema del que le hablan, si no recuerda las veinticinco preguntas, al menos debe tener dos siempre a mano, porque unidas son infalibles para desenmascarar las patrañas y a quienes las promueven, y son breves y contundentes: ¿Cómo lo sabe? ¿Puede probarlo?

Quien debe probar las afirmaciones es quien las hace, no quien duda de ellas. Si yo no acepto ciegamente que una persona sea telépata, como afirma, ¿me corresponde a mí demostrar que no lo es o es él quien debe probar sus afirmaciones? Yo no tengo ni siquiera que negar que sea telépata, me basta con dudarlo y preguntarle cómo sabe que es telépata y si puede probarlo. Y, si ofrece pruebas en lugar de justificaciones y coartadas, ponerlas en manos de profesionales que puedan evaluarlas correctamente. Sin embargo…

Hacia una sociedad crítica

Por más que haya multitud de indicios para dudar de las afirmaciones de lo *esotérico*, lo *paranormal* y los *misterios*, la realidad es que estos temas siguen ejerciendo un gran atractivo sobre el público, siguen vendiendo libros, revistas y programas de radio y televisión, y siguen sin ser cuestionados en los medios. Me atrevo a creer que esto se debe a que estamos fallando en nuestra obligación común de crear una sociedad crítica y escéptica que haga preguntas incómodas y no se conforme con respuestas insuficientes, que se asombre de los misterios reales del Universo en lugar de buscar emociones baratas que van de lo fantástico al embuste. Y es una labor urgente.

Los medios de comunicación deberían equilibrar la información y romper el monopolio que le han dado a lo supuestamente misterioso. Hay cientos, literalmente cientos, de programas de misterios en toda España y en todo el mundo y ni uno en el que se diga que tales afirmaciones son dudosas, cuando no mentira, y se puede demostrar.

Las escuelas deberían apoyar el razonamiento en lugar de reprimirlo, enseñar a los alumnos a preguntar y a insistir, haciendo que desaparezca el «es que el niño pregunta todo el tiempo», como comentario de fastidio y despectivo. Los niños que preguntan todo el tiempo son de oro, no hay que coartarlos. Enseñar a cuestionar es fundamental para crear ciudadanos libres, enseñar a memorizar y aceptar acríticamente es castrar la capacidad de los jóvenes. Las universidades deberían cerrar la puerta a la anticiencia y la superstición, y asumir el papel que les corresponde informando a su comunidad.

El Estado debería recordar que una tontería sigue siendo una tontería aunque la crean millones de electores, y que apoyar, difundir o reconocer barbaridades para satisfacer los deseos de un pequeño grupo para obtener un rédito en votos, o para acallarlos, convierte a los cargos elegidos en rehenes de delirantes interesados, no en representantes de toda la sociedad y sus legítimas necesidades.

Y todos nosotros debemos romper el mito de que la ciencia es difícil y sólo para los elegidos, promoviendo una educación que es la clave de toda la cuestión.

Bertrand Russell lo dijo con claridad:

«Si la educación ha de tener un significado, debe ser subversiva, debe desafiar todo lo que damos por sentado, examinar todas las suposiciones aceptadas, manosear todas las vacas sagradas e instaurar el deseo de preguntar y dudar. Sin esto, la simple instrucción para memorizar datos es vacua. El intento de forzar en los jóvenes la mediocridad convencional es criminal.»

El problema es que una sociedad crítica, que sabe dudar y preguntar, que no está atada por creencias en lo sobrenatural y que mira de frente al Universo, es muy difícil de manipular y controlar, y por tanto al poder, al verdadero poder, poco le interesa tener una sociedad que sabe someter a prueba las afirmaciones extravagantes, sean de misterios, publicitarias, informativas, económicas, religiosas o políticas.

Para saber más

Randi, James [1982]: *Fraudes paranormales. Fenómenos ocultos, percepción extransensorial y otros engaños* [*Flim-flam! Psychic, ESP, unicorns and other delusions*]. Prologado por Isaac Asimov. Trad. de Alejandro G. Tiscornia. Tikal Ediciones. Gerona 1994. xv + 348 páginas.

Sagan, Carl [1995]: *El mundo y sus demonios. La ciencia como una luz en la oscuridad* [*The demon-haunted world*]. Trad. de Dolors Udina. Editorial Planeta. Barcelona 2005. 493 páginas.

LAS ACTITUDES ANTICIENTÍFICAS Y LAS SOCIEDADES ABIERTAS

Juan Ignacio PÉREZ / Félix GOÑI

Formamos parte de una sociedad extraordinariamente tecnificada, en la que los productos derivados del conocimiento científico y del desarrollo tecnológico se hallan por doquier. Y, sin embargo, vivimos en un océano de incultura científica y, lo que debiera resultar más sorprendente, cada vez son más frecuentes actitudes y manifestaciones anticientíficas en sectores sociales más y más amplios.

Esas actitudes adquieren formas muy diferentes, y van desde manifestaciones más o menos explícitas de distintas variedades de pensamiento mágico hasta posiciones abiertamente hostiles a determinados avances del desarrollo científico. Se trata de expresiones y actitudes peligrosas, porque pueden causar, y de hecho causan, perjuicios de diversa naturaleza y gravedad que, en última instancia, pueden acabar socavando las bases de las sociedades democráticas o, utilizando la expresión de Karl Popper, las bases de la sociedad abierta[1]. A estas cuestiones nos referiremos en las líneas que

---

[1] Karl Popper [1945]: *La sociedad abierta y sus enemigos* [*The open society and its enemies*]. Trad. de Eduardo Loedel. Ediciones Paidós Ibérica. Barcelona 2006. 810 páginas. En esta obra, Popper considera la sociedad cerrada como la sociedad mágica, tribal o colectivista, y sociedad abierta aquélla en la que los individuos deben adoptar

siguen, con la intención explícita de reivindicar la ciencia y sus logros, tanto tangibles como intangibles, convencidos de que de su desarrollo y avances depende en gran medida el bienestar futuro de la Humanidad, e incluso su supervivencia.

I. **La ciencia en nuestras vidas**

Gracias al conocimiento científico y al desarrollo tecnológico, los seres humanos hemos alcanzado la mayor calidad de vida de que hemos disfrutado nunca. La influencia que tienen la ciencia y la tecnología en la mejora de nuestras condiciones de vida puede constatarse en todos los ámbitos, y gracias a ello hoy vivimos más y mejor que en cualquier otra época. Esta afirmación puede hacerse con carácter general, aun sabiendo que existen enormes diferencias entre las condiciones de vida de los habitantes de unos y otros países del planeta y que hay excepciones a esa tendencia general de mejora, excepciones, eso sí, de escasa entidad en términos relativos, pero que afectan a millones de seres humanos. Una gran masa de la Humanidad, aunque minoritaria en su conjunto, dispone de unas condiciones de vida que hace sólo doscientos años eran privilegio de poquísimos potentados.

Nuestras viviendas, sobre todo las de la mayoría de los ciudadanos de Occidente, son mejores y de mayor tamaño que lo que

---

decisiones personales. Se entiende que en la sociedad cerrada no las pueden o deben adoptar porque funciona de forma muy regulada, casi como un organismo, de manera que no hay margen para que los individuos puedan tomar decisiones por sí mismos, lo contrario a lo que ocurre en las sociedades abiertas, que son, por ello, sociedades democráticas.

nunca han sido y disfrutamos en ellas de un entorno más confortable. Gracias a los electrodomésticos, nuestra vida es infinitamente más cómoda. Hasta la invención de la lavadora, se utilizaban siete horas a la semana de duro trabajo para hacer la colada en un hogar; hoy, no se utilizan más de tres horas de trabajo liviano. Ya no hay que salir a la calle en pleno invierno a lavar unas sábanas ni tenemos que romper el hielo formado durante la noche en la poza. Calentamos nuestras viviendas con gas, gasóleo o electricidad, y no dedicamos a ello esfuerzo alguno: los combustibles llegan a nuestros hogares sin que apenas nos demos cuenta. Hace cien años se calentaban con carbón, o quemando residuos orgánicos u otros combustibles de mala calidad en el interior de las viviendas, viciando el aire que se respiraba. El uso de carbón requería, en promedio, seis horas de trabajo a la semana.

Nos vestimos mejor, de manera que la ropa nos protege adecuadamente de los rigores meteorológicos al salir al aire libre. Ello se debe a que existen innumerables fibras —de origen animal, vegetal y sintético— a nuestra disposición y a precios asequibles, ya que las técnicas de confección han permitido la producción de ropa de muy diferentes variedades a gran escala y a mínimo coste.

Los alimentos no han sido nunca tan baratos, porque nunca hubo una producción agrícola y ganadera comparable a la actual[2]. Por eso, nos alimentamos, en general, mejor y, si la alimentación

---

[2] Esta situación puede estar cambiando debido, por una parte, a la mayor demanda mundial de alimentos ocasionada por el crecimiento económico asiático y, por otra, al creciente uso de cereales como materia prima para la fabricación de combustibles.

Una mujer trabaja en un arrozal de Tailandia (Foto: Panyarit Onchaeng).

puede constituir un factor causante de mortalidad, es más probable que ello sea consecuencia de la sobrealimentación y alimentación inadecuada que del hambre[3]. En Occidente no escasean los alimentos; al contrario, abundan, y su abundancia se debe a los avances científicos que permitieron elevar su producción de forma prácticamente ininterrumpida durante el pasado siglo. Aunque hay países en los que la población sufre limitaciones alimentarias graves, cuando no hambrunas, ello no es achacable a la escasez planetaria de alimentos, sino a problemas de otra naturaleza. En todo caso, la ingesta calórica per capita mundial no ha

---

[3] Alrededor de 800 estadounidenses mueren cada día por afecciones causadas, directa o indirectamente, por la obesidad.

dejado de aumentar, si bien ese aumento ha sido mínimo en el África subsahariana y se han producido descensos en los países en transición de regímenes de planificación centralizada a economías de mercado.

Nunca habíamos disfrutado de mejores condiciones sanitarias, gracias al conocimiento que disponemos en la actualidad de las más elementales normas de higiene y de salud pública, y al hecho de contar con los recursos materiales necesarios para ponerlas en práctica. Quizás no somos del todo conscientes de lo que significa, en términos de calidad y esperanza de vida, contar con agua potable en nuestras viviendas, y con eficaces sistemas de eliminación de basuras y de tratamiento de aguas residuales. Las ventajas de estos servicios se pueden calibrar con facilidad si pensamos que allí donde no existen, principalmente en los países subsaharianos y algunas zonas de Asia y Sudamérica, esa carencia es la principal causa indirecta de mortalidad por la gran prevalencia de infecciones gastrointestinales. Más de dos millones de personas mueren al año en el mundo a causa de esas enfermedades. Aun así, incluso en los países más pobres, la situación ha mejorado en los últimos años.

El conocimiento acumulado en las disciplinas biosanitarias es impresionante. Nunca hemos disfrutado de medicamentos y servicios de salud tan efectivos como los actuales. El desarrollo científico y tecnológico ha permitido el diseño de aparatos de extraordinaria sofisticación y efectividad para el diagnóstico y tratamiento de las más variadas enfermedades. Los fármacos, y entre éstos sobre todo los antibióticos, salvan cada año millones de vidas. Y los profesionales sanitarios cuentan hoy con unos conocimientos muy superiores a los de hace unas décadas.

Los medios de transporte han mejorado de forma espectacular en los últimos cien años. Gracias a ello, el transporte de mercancías resulta muy barato en términos comparativos, lo que ha permitido un gran crecimiento del comercio, por lo que resultan asequibles bienes producidos en casi cualquier parte del mundo. También han posibilitado una considerable mejora del transporte de pasajeros, gracias a lo cual podemos desplazarnos a cualquier lugar en unas pocas horas. Esa movilidad y capacidad de desplazamiento, aparte de las obvias consecuencias positivas de carácter económico, nos permiten tener una visión del mundo como la que nunca habíamos tenido y, aunque no seamos muy conscientes de ello, constituye un factor de enriquecimiento cultural de enorme trascendencia.

En general, el nivel educativo de la población mundial nunca ha sido tan alto. Cada vez son más las personas con acceso a niveles formativos superiores. En el conjunto de países en desarrollo, por ejemplo, el analfabetismo descendió durante el siglo xx desde valores promedio del 90% al 20% a finales de siglo.

Tenemos acceso a más bienes culturales que nunca. Literatura, música, artes plásticas, artes escénicas… cualquier variedad de producto cultural se encuentra a nuestra disposición en formatos diversos y asequibles. En los últimos años, el espectacular desarrollo de la informática y las telecomunicaciones, además de constituir un factor de desarrollo económico de primer orden, nos ha proporcionado unos sistemas de comunicación e información que han puesto a nuestra disposición bienes y servicios en una medida que no podíamos sospechar tan sólo hace dos décadas.

Los avances citados, así como otros muchos, han permitido que tengamos la mayor esperanza de vida de nuestra historia como

Hombres haciendo la colada en Bombay, India (Foto: Björn Lotz).

especie y, además de vivir más tiempo, ahora vivimos como nunca antes lo ha hecho el ser humano. En Europa, la esperanza de vida ronda los 80 años, cuando durante toda nuestra historia, hasta el siglo xix, rara vez sobrepasó los 40 años y a comienzos del siglo xx no era superior a los 50. También ha aumentado la esperanza de vida en el resto del mundo, incluidos los países menos desarrollados, aunque en éstos no se superan, en promedio, los 50[4].

En lo relativo a los aspectos estrictamente materiales, es indiscutible que durante los últimos trescientos años se ha venido produciendo una mejora considerable. Otra cuestión sería cuál es el precio que debemos pagar por ello, si es que tal precio existe. Y otra más, muy distinta, es si ese modo de vida nos hace o no más felices. Pero, tanto si existe precio como si el modo de vida determina en mayor o menor medida nuestra felicidad, lo cierto es que la mayoría de las mejoras en nuestra calidad y esperanza de vida han venido de la mano de la ciencia y tecnología.

Debemos, por lo tanto, preguntarnos cómo es posible que viviendo como vivimos, rodeados de pruebas evidentes de los logros que ha alcanzado el desarrollo científico-tecnológico, pervivan en nuestra sociedad creencias y prácticas más propias de la Edad Media que de nuestros tiempos. Es más, parece que durante los últimos años asistimos a una cierta proliferación de creencias y comportamientos que, con mayor o menor intensidad, reflejan una creciente actitud de desconfianza ante la ciencia, cuando no de hostilidad y abierto rechazo. Hay numerosos ejemplos de esta actitud; en los apartados que siguen nos referiremos a algunos de ellos.

---

[4] Este conjunto de datos, así como los ofrecidos en los párrafos precedentes, proceden de la ONU y otros organismos internacionales, y han sido recopilados por Bjorn Lomborg [2001]: *El ecologista escéptico* [*The skeptical environmentalist. Measuring the real state of the world*]. Trad. de Jesús Fabregat Carrascosa. Espasa-Calpe. Madrid 2005. 640 páginas.

II. **Pensamiento y actitudes anticientíficas**

La predicción mágica del tiempo

Son muchas las culturas en cuyas tradiciones existen procedimientos mágicos que, supuestamente, permiten hacer predicciones meteorológicas a partir de la observación del tiempo en un conjunto de días predeterminados. Hay regiones españolas donde, por ejemplo, ciertos días de primeros de agosto, a los que se denomina cabañuelas, se utilizan como indicadores del tiempo que hará en los meses sucesivos. Entre nosotros son las denominadas témporas las que cumplen esa función. El tiempo que hace en tres días determinados al comienzo de cada estación serviría, a decir de quienes creen en la validez de este procedimiento, para hacer una predicción meteorológica para cada uno de los tres meses siguientes; cada día sirve para predecir el tiempo de uno de los siguientes tres meses. Evidentemente, la mayoría de las veces la predicción basada en las témporas acierta de pleno, ya que anticipan de forma sistemática tiempo frío y lluvioso para el invierno y bochorno, calor y tormentas para el verano. Por otro lado, es de sobra conocido que acertar en primavera y en otoño no es tarea que entrañe especiales dificultades, ya que ambas estaciones pueden dar cabida a fenómenos meteorológicos extremos de todo tipo. Abril y noviembre, por ejemplo, pueden obsequiarnos con algún temporal de nieve días antes o después de padecer los rigores del viento sur.

Uno se pregunta cómo es posible que se siga dando crédito a procedimientos como los descritos en la era de los satélites y de los superordenadores, contando como contamos con sistemas potentísimos de predicción meteorológica, sistemas que proporcionan predicciones meteorológicas con un considerable grado de precisión en plazos de tiempo que abarcan varios días. Lo que era perfectamente entendible en el pasado, cuando no había sistemas fiables de predicción y cuando la ciudadanía carecía del más mínimo atisbo de cultura científica, no debiera serlo hoy, a comienzos del siglo xxi. Y, sin embargo, lo es hasta el punto de que incluso nuestros medios de comunicación públicos han venido incluyendo, hasta hace meses, informaciones relativas a este tipo de predicciones en los espacios informativos diarios dedicados a la predicción del tiempo.

El asunto de las témporas no constituye una excepción anecdótica. De lo que los medios de comunicación, públicos o privados, suelen informar, hay ejemplos verdaderamente asombrosos. No hace mucho tiempo, un reportaje breve en un informativo de máxima audiencia de una televisión pública daba cuenta de una reunión en una localidad vasca de un conjunto de personas autodenominadas *geobiólogos*. Hacia la mitad del reportaje, se descubría que *geobiólogo*, en la jerga del grupo, venía a denominar lo que siempre se ha conocido en nuestros pueblos y aldeas como *zahorí*. Lo verdaderamente asombroso no era el hecho de que se informara de la reunión en cuestión, lo sorprendente era el tratamiento que el medio dio a la información, como si esas personas fueran verdaderos científicos.

Del mismo cariz es una noticia que ha saltado recientemente a los medios de comunicación. Al parecer, la nueva sede del Departamento de Interior de la Generalitat de Cataluña se decorará según los preceptos del arte oriental feng shui. Se trata de un arte que se basa en la creencia de que de cada punto cardinal emana una energía determinada y su propósito es armonizar las fuerzas de la tierra con las del cielo y la energía particular de cada persona, de manera que así se atraiga más fácilmente la prosperidad y el bienestar. Resulta que para neutralizar las malas influencias de los campos electromagnéticos deben utilizarse plantas, en lo que podría hasta considerarse una variante verde de las jaulas de Faraday[5]. El feng shui es una moda *new age* estadounidense que ha llegado a Europa y ha calado con éxito en la sociedad debido al aura *oriental* que la acompaña. No deja de ser sorprendente que la civilización china sea considerada depositaria de una tradición milenaria de conocimientos y no se repare a la vez en el hecho, en absoluto casual, de que la ciencia no llegó a ese país hasta el siglo xx, desde Occidente.

Los ejemplos citados, y otros como la publicación generalizada de horóscopos en periódicos y revistas, ilustran un estado de cosas caracterizado por unos niveles alarmantes de incultura científica en nuestra ciudadanía, también en la considerada —y autoconsiderada— socialmente culta. Y, en parte como consecuencia de esa incultura, se acepta, con absoluta naturalidad, la validez de procedimientos basados en creencias y supersticiones propias de una tradición y de unas épocas en las que sólo se disponía de las herramientas que proporcionaba el pensamiento mágico para dotar de algún orden y sentido al entorno y a las circunstancias en que se desenvolvía la vida de las personas.

Al leer estas líneas, habrá quien piense que este tipo de actitudes son anecdóticas y carecen de importancia. A nuestro juicio esto no es así, y no lo es porque, en la medida en que se da cre-

---

[5] Una jaula de Faraday es una caja cuyas paredes hacen de barrera a las ondas electromagnéticas del exterior.

dibilidad a formas de pensamiento mágico como las descritas, de forma implícita se está rebajando el estatus y la consideración social de la ciencia, y a esa rebaja, por las razones que más adelante se ofrecerán, debe dársele la importancia debida.

El creacionismo

En Estados Unidos se da una curiosa contradicción. Se trata, sin duda alguna, de uno de los países más desarrollados del mundo, con todo lo que ello implica en términos de avance científico y del conocimiento. Y, sin embargo, es el país occidental en el que la teoría de la evolución por selección natural cuenta con mayor número de detractores. El evolucionismo tardó en incorporarse a los programas educativos de ciencias en ese país. De acuerdo con algunas estimaciones basadas en encuestas, cerca de la mitad de la población cree en la literalidad del relato de la Creación del *Génesis*. Estas tendencias son particularmente prevalentes en algunas zonas de los Estados del Sur —el denominado *cinturón de la Biblia*—, en las que tiene un considerable predicamento el creacionismo en sus diferentes versiones[6].

Sorprende el caso estadounidense por la contradicción que representa, pero hay muchos otros países en los que ese tipo de actitudes y creencias tienen una presencia importante. En Tur-

---

[6] Alan Sokal y Jean Bricmont [1998]: *Imposturas intelectuales* [*Intellectual impostures*]. Trad. de Joan Carles Guix Vilaplana. Ediciones Paidós Ibérica. Barcelona 1999. 315 páginas. Otros datos ofrecidos por estos autores: el 49% de la población cree en la posesión por el diablo (otro 16% dice no estar seguro); el 36% cree en la telepatía; y el 25% en la astrología; eso sí, reconforta pensar que en la comunicación con los muertos sólo cree el 11% y el 7% en el poder curativo de las pirámides.

quía, por ejemplo, un conocido millonario se dedica a publicar libros de contenido creacionista con destino a todos los musulmanes del mundo, razón por la que son traducidos a numerosos idiomas. Las obras tienen un enorme éxito. En otra zona del mundo, en Kenia, se ha producido recientemente una intensa y agria polémica en relación con la pretensión de exhibir el esqueleto del *niño de Turkana*; esta pretensión ha sido denunciada por un obispo evangélico, a la vez que declaraba que él no ha evolucionado de ese muchacho ni de nadie parecido[7]. Éstos son los últimos ejemplos de la expansión de creacionismo, muestra del cual ha sido también el intento de celebración en universidades de nuestro entorno de conferencias y otros actos públicos para la difusión de esa doctrina.

El creacionismo es una línea de pensamiento según la cual el mundo y los seres vivos son el resultado de un acto de creación divina, sin que quepa invocar la evolución por selección natural como el proceso gracias al cual han ido apareciendo las formas de vida tal como las conocemos en la actualidad. En su forma más extrema, propia de sectores fundamentalistas religiosos, defiende la validez del relato bíblico en términos literales. En sus formas más laxas, se transforma en lo que se conoce como *diseño inteligente*, según el cual es la intervención divina la que determina que se produzcan todas y cada una de las variaciones que van dando lugar a la aparición de las distintas especies. Esto es, no se reivin-

---

[7] El esqueleto del *niño de Turkana* está casi completo. Corresponde a un *Homo erectus* de unos 11 años que vivió hace 1,6 millones de años. Richard Leakey, el paleoantropólogo que lo descubrió, ha respondido al obispo afirmando que, tanto si le gusta como si no, él es un pariente lejano del muchacho. Leakey ha recibido el apoyo de los católicos de Kenia.

dica la validez del relato bíblico en lo relativo a los hechos en él narrados ni a la edad del Universo y de la Tierra, sino que se rechaza el mecanismo de la selección natural como motor evolutivo principal, siendo sustituido por la directa intervención divina.

Es importante destacar que muchísimos científicos creyentes rechazan tanto unas como otras formas de creacionismo y consideran que la evolución de las especies encuentra una explicación perfectamente razonable en el pensamiento darwinista tal como lo entendemos hoy. Así, por ejemplo, Robert Pennock, autor de una obra en la que se opone a la teoría del diseño inteligente[8], sostiene que quienes se toman tan en serio la Biblia no debieran imaginar a Dios trasteando constantemente con el Universo, como hacen los seres humanos tratando de mejorar sus coches, barcos y aviones. Y llega, en defensa de su posición, a citar a Isaías (55, 8): «Porque mis pensamientos no son vuestros pensamientos, ni mis maneras son vuestras maneras, dice el Señor».

La comunidad científica en su conjunto, y a través de sus medios de difusión, ha manifestado claramente su posición en relación con este asunto. Así, la Asociación Americana para el Avance de la Ciencia (AAAS) adoptó en 2002 una resolución contra la llamada teoría el diseño inteligente en la que declaraba que numerosos científicos y filósofos de la ciencia han aportado pruebas consistentes para rechazarla y han puesto en evidencia defectos de formulación considerables, hecho que la invalida desde el punto de vista científico. Por otro lado, la Academia Nacional de Ciencias (NAS) de Estados Unidos acaba de publicar un

---

[8] Robert T. Pennock [1999]: *Tower of Babel: the evidence against the new creationism.* MIT Press. Cambridge. xviii + 429 páginas.

Un visitante contempla, en el Museo de la Creación de Estados Unidos, cómo vivía el hombre en el Jardín del Edén (Foto: Answers in Genesis).

libro de divulgación titulado *Science, evolution and creationism* (2008) para diferenciar la teoría científica de la evolución de la creencia basada en la fe. Esta obra ha sido elaborada por un grupo de científicos dirigido por Francisco J. Ayala, uno de los biólogos evolucionistas más prestigiosos del mundo.

El problema es que las tendencias creacionistas han alcanzado una influencia tal en EE UU que existe una fortísima presión en algunos Estados y ámbitos sociales para que se equiparen el estatus y el tratamiento que el sistema educativo dedica a la teoría de la evolución por selección natural y al creacionismo. Se han llegado incluso a producir decisiones gubernativas y resoluciones judiciales favorables a dichas pretensiones, aunque hasta el momento han sido posteriormente revocadas en instancias superiores. De especial importancia fue la resolución de un tribunal de Pensilvania al anular una decisión de un consejo educativo de distrito. De acuerdo con la decisión del consejo, en las escuelas de ese Estado se enseñaría el diseño inteligente con el mismo estatus científico que la teoría de la evolución por selección natural[9]. No obstante lo anterior, resulta significativo el hecho de que, en el momento de escribir estas líneas, enero de 2008, uno de los candidatos republicanos a la Presidencia de EE UU se declara creacionista y niega validez a la teoría de la evolución.

Habrá quizás quien entienda que no debiera haber problema para aceptar un estatus equivalente en el sistema educativo de una teoría científica y de otra que es mayoritariamente rechazada por la ciencia, si esta última tiene suficiente aceptación social. Creemos que la respuesta es evidente y tiene que ver con lo señalado en relación con las témporas. Si otorgamos estatus similares a ambas formas de pensamiento, estamos, objetivamente, restando validez a la ciencia, con los problemas que ello comporta. Más adelante, como ya hemos señalado, nos referiremos a esos problemas, pero para concluir este apartado traeremos a colación de nuevo la resolución ya comentada de la AAAS, pues acaba haciendo un llamamiento a todos los científicos involucrados en estas áreas para que ayuden a maestros y profesores a resistir las presiones de los partidarios de estas teorías «del todo inaceptables en la enseñanza de las ciencias».

---

[9] El veredicto, de 139 páginas, profundiza en cuestiones de naturaleza científica acerca del origen de la vida. Puede leerse en: http://blogs.elcorreodigital.com/blogfiles/magonia/SentenciaCreacionismoPensilvania.pdf.

Los organismos modificados genéticamente

En los países occidentales, y muy especialmente en Europa, proliferan durante los últimos años posturas de rechazo a determinados avances científicos y a sus productos a partir de postulados ecologistas o conservacionistas. Algunas de esas posturas son, a nuestro juicio, extremas, pues van más allá de lo que puede considerarse una cautela razonable. Es ciertamente un asunto muy discutible y acerca del cual es difícil delimitar lo que puede considerarse extremo y lo que no cabría calificar de tal. La controversia en relación con los organismos —principalmente plantas— modificados genéticamente (GM)[10] es una de las que mejor ilustra este estado de cosas.

La oposición a los organismos GM utiliza argumentos de muy diversa naturaleza. Por un lado, invoca la posible existencia de peligros para la salud de las personas. A los organismos GM se les atribuye, por ejemplo, un mayor potencial alergénico; también se teme que puedan acabar teniendo efectos negativos sobre nuestro sistema inmune. Otros perniciosos efectos que se les asignan entran en la esfera de lo ecológico, mediante mecanismos o vías diferentes. Así, se postula que la resistencia a determinadas plagas puede tener como consecuencia la proliferación de otras especies competidoras de aquéllas, desestabilizándose de esa forma el ecosistema. Este tipo de argumentos, sin ir más lejos, son los que se han esgrimido en Francia para aplicar una moratoria al cultivo de la única planta GM autorizada en ese país, el maíz MON 810.

---

[10] GM es el acrónimo de *genetically modified* (modificado genéticamente).

Evidentemente éste no es el medio adecuado para discutir punto por punto estas cuestiones; pero sí pueden hacerse algunas consideraciones en relación con este asunto. Cabe señalar, en primer lugar, que en EE UU, donde se ha realizado un uso importante de semillas de cereal GM, muy en especial maíz, no se ha documentado ningún caso en el que se hayan constatado los daños que los contrarios a su uso pronostican. A esta objeción suele responderse que es demasiado pronto para detectar problemas de esa índole. Es posible que así sea. Ahora bien, ¿hasta cuándo habría que esperar?

Como en tantas otras controversias, lo que está en juego es un equilibrio entre beneficios y perjuicios. Si atendemos a los perjuicios, como ya se ha señalado, no hay pruebas de tales; esto, en ciencia, sin ser definitivo, es muy importante. Y los beneficios son muy numerosos y muy importantes. Sin ánimo de ser exhaustivos, podemos citar algunos. Mayores potenciales productivos significan alimentos más baratos, por ejemplo. Esto es algo que no preocupa mucho a la ciudadanía occidental, aunque en otras partes del mundo no sea una cuestión en absoluto menor. Podemos traer a colación un caso muy llamativo a este respecto. En 2002, el presidente de Zambia, Levy Mwanawasa, rechazó donaciones de cereal GM norteamericano para alimentar a su población. Lo hizo porque existía el riesgo cierto de que ello conllevara el cierre del mercado europeo a los productos agroganaderos de su país, por temor a ser productos *GM-contaminados*.

¿Y qué decir de la producción a gran escala de arroz con provitamina A? La falta de provitamina A en la dieta de la población del Sudeste asiático provoca cada año la muerte de más de 350.000 personas y la ceguera de otros dos millones. Este problema no es fácil de atajar proporcionando esta sustancia en forma de suplemento vitamínico y, sin embargo, puede suministrarse mediante su incorporación al arroz gracias a técnicas de ingeniería genética (*arroz dorado*)[11].

En la oposición a los transgénicos se invoca una y otra vez el conocido como principio de precaución, al que se recurre también en otros debates en relación con cuestiones medioambientales. De acuerdo con el principio de precaución, no deberían adoptarse innovaciones si no puede garantizarse que no conllevan peligros o daños de cierta entidad. El problema de este principio, del que existen al menos catorce definiciones oficiales, es que en su aplicación se presta a múltiples interpretaciones. No olvidemos, además, que el método científico, el único que nos podría sacar del atolladero, es tan modesto que se ve incapacitado para ello, ya que a la ciencia no cabe pedirle que demuestre que algo *no* tiene determinados efectos; sólo cabe demandarle que pruebe que sí los tiene, y aun eso no siempre es posible ni fácil, y nunca puede hacerse con carácter definitivo.

A la hora de la verdad, y en relación con el tema que nos ocupa, el principio de precaución supone que, dada la naturaleza de los peligros potenciales que se esgrimen, ni tan siquiera se debiera experimentar con organismos GM. De esa forma, no llegaríamos a contar nunca con pruebas en un sentido o en otro en relación con los peligros, aun cuando los beneficios sean, indudablemente, impresionantes.

---

[11] Información tomada, principalmente, de la obra de Dan Agin [2006]: *Ciencia basura* [*Junk science*]. Trad. de Francisco Javier Lorente Puchades. Starbooks. Barcelona 2007. 320 páginas.

Ésa es la razón por la que se ha incluido este asunto en esta relación de actitudes anticientíficas. No hemos pretendido argumentar a favor o en contra de los organismos GM, aunque nuestra postura es bastante clara. El problema es que en este debate, como en algún otro en el terreno de lo *ambiental,* se enfrentan posturas de forma harto desequilibrada y el método científico ve enormemente limitado el uso de las herramientas que le son propias. En este estado de cosas resulta muy difícil acudir al conocimiento basado en la evidencia, porque a la consecución de esa evidencia se le ponen obstáculos insalvables. Nos encontramos, como ha puesto de manifiesto Dick Taverne[12], ante uno de esos casos en los que el optimismo que iluminó el camino de la ciencia y del conocimiento en sus orígenes durante el Renacimiento y la Ilustración se ha tornado oscuridad y pesimismo.

Las antenas de telefonía móvil

En los últimos años se viene observando en España —más que en otros países de nuestro entorno— una preocupación por los posibles efectos patógenos de las antenas de telefonía móvil que raya en la histeria colectiva. Sin embargo, los principios científicos lo tienen claro: una radiación sólo puede tener tales efectos cuando interacciona con las moléculas de los seres vivos. Y la interacción de las ondas de radiación con las moléculas está perfectamente estudiada. Desde Max Planck, se sabe que hay una energía asociada a cada tipo de radiación. La energía de una radiación es directamente proporcional a su frecuencia. Y la frecuencia de las

---

[12] Dick Taverne [2005]: *The march of unreason. Science, democracy, and the new fundamentalism.* Oxford University Press. Oxford. 320 páginas.

Antena de telefonía móvil (Foto: Lars Sundström).

radiaciones que utilizan los teléfonos móviles es tan baja que su energía no puede modificar en absoluto nuestras moléculas. Sin alteración de las moléculas, no hay enfermedad.

Se argumentará que Planck podía estar equivocado. Pero es que las contribuciones de este científico constituyen parte de lo más básico de la ciencia del siglo xx. Si el trabajo de Planck es incorrecto, casi toda la física del siglo pasado se derrumba. Y, si casi toda la física estaba mal, ¿cómo hemos conseguido fabricar teléfonos móviles?, por no hablar de poner a un hombre en la Luna.

Frente a datos científicos de solidez extrema, se oponen argumentos subjetivos («parece que el niño duerme mal desde que pusieron la antena») o vagos («me han asegurado que...»). Pero lo cierto es que, tras numerosísimos y detallados estudios médicos y epidemiológicos, no se ha conseguido encontrar una corre-

lación entre exposición a antenas de telefonía móvil y enfermedad. No podía ser de otra manera, cuando la vida en el planeta
Tierra comenzó, y se ha perpetuado durante 4.000 millones de
años, rodeada de radiaciones electromagnéticas de la misma naturaleza de las que ahora generan los teléfonos móviles. También
aquí se ponen de manifiesto las limitaciones del método científico cuando los ciudadanos exigen que la ciencia demuestre que
estas radiaciones no conllevan ningún riesgo para la salud. Como
hemos visto antes, una de las limitaciones inherentes al método
científico es que no puede demostrar algo negativo, como la ausencia de riesgo. Como mucho puede indicar, e incluso medir,
la probabilidad (en este caso absolutamente despreciable) de que
un riesgo se haga realidad. Lo irónico de esta situación es que,
en paralelo a la histeria colectiva frente a las antenas de telefonía
móvil, proliferan por doquier las instalaciones de rayos ultravioleta con fines estéticos, cuando las radiaciones ultravioleta son,
según los mismos principios físicos de Planck y la amplia evidencia experimental, potentes mutágenos y cancerígenos.

La homeopatía y otras 'medicinas alternativas'[13]

La homeopatía tiene entre nosotros numerosos seguidores. En Francia y en Alemania goza de estatus de medicina oficial,
aunque en el primero de estos países es posible que vea modificada
esa situación próximamente.

---

[13] La información ofrecida en este apartado ha sido tomada, principalmente, de
Robert L. Park [2000]: *Ciencia o vudú. De la ingenuidad al fraude científico* [*Voodoo
science. The road from foolishness to fraud*]. Trad. de Francisco Ramos. Ediciones Grijalbo. Barcelona 2001. 326 páginas.

Todo comenzó hace más de dos siglos, cuando el médico alemán Samuel Hahnemann propuso la denominada ley de la similitud. De acuerdo con esa ley, las sustancias que producen un determinado conjunto de síntomas en una persona sana pueden curar dichos síntomas en una enferma. Al parecer, llegó a esa conclusión al comprobar que la quinina le provocaba frío y fiebre, los síntomas de la malaria. A partir de esa constatación, Hahnemann dedicó su vida a comprobar los efectos de numerosas sustancias para su prescripción a las personas que presentaban síntomas similares a los efectos observados. Todo esto no tiene ni pies ni cabeza, está claro, pero en defensa de Hahnemann puede decirse que hace doscientos años eran muy limitados los conocimientos que se tenían sobre fisiología humana y biología en general.

Dada la elevada toxicidad de muchas sustancias y para evitar sus efectos secundarios, optó por realizar diluciones progresivas de las mismas, consiguiendo, efectivamente, reducir e incluso anular los efectos tóxicos. También creyó constatar que las diluciones incrementaban el poder curativo de las sustancias en cuestión. A partir de estas observaciones enunció una segunda ley, la de los *infinitesimales*, que básicamente viene a decir que cuanto menos, mejor. Esto, como lo anterior, sigue sin tener ni pies ni cabeza, pero de nuevo, en beneficio de Hahnemann, podemos decir que él desconocía el número de Avogadro, que nos permite saber cuántas moléculas hay en una masa de una sustancia. Hoy sabemos que, dadas las grandísimas diluciones que se utilizan normalmente en la preparación de los remedios homeopáticos, lo normal es que en ellos no haya ni una sola molécula del remedio en cuestión.

La explicación que dan los homeópatas a este absurdo es, si cabe, más absurda aún. Según ellos, el remedio diluido deja una especie de *impronta* o recuerdo en las moléculas del disolvente, normalmente agua o alcohol, aunque esto, a la vista está, siga sin tener ni pies ni cabeza.

Hace pocos años, se realizó en Europa el estudio más amplio y con un aparato estadístico más completo que se haya hecho nunca sobre la eficiencia de la homeopatía. Cuando se publicaron los datos de ese trabajo, se constató que los remedios homeopáticos tienen una eficiencia terapéutica equivalente a la de un placebo, esto es, a la de una sustancia inerte que se suministra a personas a las que se dice que están medicándose con un remedio homeopático normal. Dicho de otra forma, todo el efecto que cabe atribuir a los remedios homeopáticos es el que corresponde, ni más ni menos, al efecto placebo. De hecho, es posible que más de la mitad de la medicina anterior al descubrimiento y generalización del uso de los antibióticos se basara en este efecto.

Pues bien, la respuesta que los practicantes de la homeopatía dieron al estudio citado no puede ser más tramposa. Afirmaron que, dada la naturaleza de esa modalidad terapéutica, en la que el factor individual es determinante, la homeopatía no se presta al análisis estadístico. Dicho de otra forma, dado que cada caso debe ser considerado único, no es posible realizar tratamiento estadístico alguno del conjunto de datos, por lo que, en la práctica, no se puede llegar a conclusión general alguna. Esto, en definitiva, significa que no es posible someter a prueba la efectividad de la homeopatía, por lo que su validez no puede ser testada científicamente. Estamos, por lo tanto, una vez más, ante un comportamiento anticientífico, en el fondo muy similar a la aplicación del principio de precaución mencionado antes, ya que en ambos casos se imponen limitaciones a la aplicación del método científico.

Nos hemos referido aquí a la homeopatía, pero de la misma forma podríamos haber tratado de la iridología, la reflexología, la acupuntura y la urinoterapia[14]. Se trata de *medicinas alternativas* o *naturales* cuyo uso suele ir acompañado de una impugnación más o menos explícita de la medicina llamada despectivamente *oficial* y, en general, de los avances de la ciencia y la tecnología.

El ataque posmodernista a la ciencia

Las cuestiones abordadas en los apartados anteriores, aunque de naturaleza muy diferente unas de otras, comparten, por sus implicaciones, una componente práctica en mayor o menor medida. Pero existen también actitudes filosóficas abiertamente anticientíficas que carecen, al menos con carácter inmediato, de implicaciones prácticas. A ellas nos referiremos a continuación.

Durante la segunda mitad del siglo xx se desarrollaron en Francia una serie de tendencias o movimientos intelectuales caracterizados por su rechazo más o menos explícito a la tradición racionalista de la Ilustración. Este conjunto de tendencias no debe considerarse, en rigor, una escuela de pensamiento, sino más bien un movimiento cultural hasta cierto punto heterogéneo que ha englobado también a escritores y artistas. Aunque se desarrolló en Francia originariamente, ha acabado teniendo una influencia muy importante en círculos universitarios estadounidenses. Por razones meramente prácticas, utilizaremos aquí el término *posmodernismo* para referirnos

---

[14] Para quien esté interesado, algunas de estas medicinas alternativas han sido tratadas en Martin Gardner [2000]: *¿Tenían ombligo Adán y Eva? La falsedad de la seudociencia al descubierto* [*Did Adam and Eve have navels?*]. Trad. de Juan Manuel Bas. Editorial Debate. Madrid 2001. 395 páginas.

a las tendencias citadas en su conjunto. Este término fue utilizado por Jean-François Lyotard para titular una obra, *La condición posmoderna* (1979), que fue la primera de una marea de libros que empezaron a poner en duda la propia condición de la ciencia[15].

El argentino Juan José Sebreli ha realizado un análisis amplio y exhaustivo de algunos de los más caracterizados representantes de la filosofía contemporánea, y muy especialmente de los más significativos del movimiento al que nos referimos[16]. De acuerdo con Sebreli, esa corriente constituye el último eslabón de una secuencia de pensamiento irracionalista que comienza con los románticos alemanes y Schopenhauer, y prosigue con Nietzsche, Heidegger y el psicoanálisis, para llegar a Levi Strauss, antropólogo francés padre del estructuralismo y principal responsable intelectual del denominado relativismo cultural. A partir de ese momento, la nómina de lingüistas, psicoanalistas, sociólogos y filósofos a los que cabe adscribir a esa corriente se amplía de forma considerable[17].

Una de las principales tesis del posmodernismo es que la ciencia se equivoca al pretender describir de forma fidedigna y

---

[15] Peter Watson [2001]: *Historia intelectual del siglo XX* [*A terrible beauty. A history of the people and ideas that shaped the modern mind*]. Trad. de David León Gómez. Editorial Crítica. Barcelona 2003. 1.016 páginas

[16] Juan José Sebreli [2007]: *El olvido de la razón: un recorrido crítico por la filosofía contemporánea.* Editorial Debate. Barcelona. 448 páginas.

[17] Bruno Latour, Jean-Louis Lyotard, Michael Foucault y Jacques Derrida, entre otros, suelen ser considerados integrantes de estas tendencias. Quien esté interesado en conocer en detalle un ejemplo de pensamiento posmodernista puede leer la obra de Bruno Latour y Steve Woolgar [1979]: *La vida en el laboratorio. La construcción de los hechos científicos* [*Laboratory life. The construction of scientific facts*]. Trad. de Eulalia Pérez Sedeño. Alianza Editorial. Madrid 1995. 328 páginas. El título de la obra lo dice todo.

objetiva el mundo físico que nos rodea. Según esto, la verdad científica no es sino *una* de las varias verdades posibles, algo que resulta absolutamente acorde con la tesis relativista según la cual todos los puntos de vista son válidos. Así, y según algunos posmodernistas, los científicos no han descubierto las Leyes de la Naturaleza, sino que tan sólo las han construido, lo que no es óbice para que esos mismos posmodernistas viajen en aviones para desplazarse y participar en congresos de su especialidad. Los posmodernistas también sostienen que los resultados de la actividad científica no son independientes del entorno cultural y de motivaciones morales o ideológicas. Así, tanto el trabajo que realizan los científicos como las conclusiones a las que llegan se encuentran determinadas por el lugar en que han nacido, su sexo, la sociedad y cultura en que se han desarrollado, la clase a la que pertenecen y su ideología política.

Thomas Kuhn, físico norteamericano reconvertido a historiador y filósofo de la ciencia, ha sido considerado por muchos como uno de los responsables intelectuales del gran éxito que han tenido los autores posmodernistas. De su obra *La estructura de las revoluciones científicas*, publicada en 1962, se han vendido más de un millón de ejemplares, lo que lo convierte, con diferencia, en el libro más vendido de historia o filosofía de la ciencia en todo el siglo xx. Kuhn defiende la idea de que la actividad científica se desarrolla en el interior de *paradigmas* que definen el tipo de problemas que hay que estudiar, los criterios con los que se debe evaluar una solución y los procedimientos experimentales que se consideran aceptables. De vez en cuando, la *ciencia normal* entra en crisis y entonces se asiste a un cambio de paradigma. El tránsito entre un paradigma y el que lo sustituirá es lo que él denomina *revolu-*

ción científica. Esta descripción del devenir del desarrollo científico hace que se pierda de vista el carácter objetivo de los resultados de la mayor parte de la investigación científica. Y ésa es la razón por la que los relativistas culturales encontraron apoyo a su cuestionamiento del carácter objetivo del conocimiento científico y a su preferencia por describir las teorías científicas como construcciones sociales[18].

Por otra parte, es constatable la tendencia de buena parte de los integrantes de estas corrientes a utilizar un lenguaje extraordinariamente oscuro, muy difícil de entender, algo que ya era una característica de los considerados antecesores o precursores del posmodernismo, y muy en especial de Nietzsche y Heidegger. Además, se da la paradoja de que hay quienes, a la vez que reniegan del valor y la objetividad de la ciencia, no se privan de utilizar ciertos términos propios de las ciencias naturales, y muy en especial de la física, sin el más mínimo rigor ni corrección y en contextos absolutamente impropios. A este respecto, no queremos dejar pasar estas líneas sin traer a colación un episodio protagonizado por Alan Sokal, profesor de Física de la Universidad de Nueva York, y los editores de la revista cultural estadounidense *Social Text.* Permítasenos un breve excurso para relatar el episodio.

Alan Sokal estaba en los años 90, según sus propias palabras, «asombrado e inquieto por la evolución intelectual que han experimentado ciertos medios académicos norteamericanos»[19]. Se refería a los medios que se habían alineado con la corriente posmoder-

---

[18] Jesús Mosterín [2001]: *Ciencia viva.* Espasa-Calpe. Madrid. 376 páginas
[19] Alan Sokal y Jean Bricmont, *op. cit.*

nista, medios que adoptaron «elaboraciones teóricas desconectadas de cualquier prueba empírica, y un relativismo cognitivo y cultural que considera que la ciencia no es nada más que una narración, un mito o una construcción social».

En respuesta a ese fenómeno redactó en 1996 un extenso artículo, titulado «Transgredir las fronteras: hacia una hermenéutica transformadora de la gravedad cuántica», y lo envió para su publicación a la respetada revista *Social Text*. El artículo estaba lleno de expresiones sin sentido, absurdas, vacías y sin lógica alguna. Se había limitado a yuxtaponer un conjunto de sentencias, construidas utilizando citas textuales y el lenguaje propio de los trabajos habituales de los académicos en cuestión, dando a la secuencia una cierta ilación argumental. Postulaba además un relativismo cognitivo extremo, pues comenzaba negando la misma existencia de una realidad exterior independiente de cada persona. Pues bien, el artículo no sólo fue aceptado en *Social Text*, sino que además se incluyó en un número especial de la revista dedicado a refutar las críticas que científicos de reconocido nivel habían dedicado al posmodernismo y al constructivismo social.

Posteriormente, en el artículo que el propio Sokal publicó en la revista *Lingua Franca* para relatar la broma llegó a *invitar* a quienes creen que las leyes de la física son meras convenciones sociales a intentar transgredirlas desde las ventanas de su apartamento que, a la sazón, estaba en el piso 22[20].

Una vez desvelada la chanza, se produjo un gran escándalo en los medios, tanto en los especializados como en los de masas.

---

[20] Martin Gardner, *op. cit.*

¿De qué recelan los ciudadanos?

Es un hecho generalmente admitido que los experimentos de ingeniería genética, física nuclear y otras materias despiertan considerables inquietudes en la sociedad, incluso —o quizás sobre todo— en aquellos sectores más alejados de la actividad científica. Existen pocos estudios sociológicos al respecto y es un terreno en el que merece la pena profundizar, pues consideramos muy interesante explorar las actitudes de los ciudadanos frente a los distintos aspectos y aplicaciones de la investigación científica.

Los estudios quizás más completos realizados en España en relación con estos asuntos son las encuestas realizadas por la Fundación Española para la Ciencia y la Tecnología (Fecyt) acerca de la percepción social de la ciencia y la tecnología[21]. Esas encuestas dan cuenta, por ejemplo, de la existencia de un déficit de información por comparación con el interés que despiertan estas cuestiones entre la ciudadanía. También se constata que el interés por la ciencia va de la mano del nivel de formación en la misma. Por otra parte, la ciencia no está socialmente mal valorada, aunque se manifiestan recelos y temores en relación con determinados aspectos del avance científico.

Nuestra sociedad no tiene, como algunos científicos auto-compasivos quieren hacernos creer, una actitud de oposición a la ciencia en su conjunto. De hecho, las aplicaciones concretas de la ingeniería genética al campo de la salud —por ejemplo, para la detección prenatal de errores genéticos con sondas de ADN— son a

---

[21] Varios Autores [2005]: *Percepción social de la ciencia y la tecnología en España-2004.* Fundación Española para la Ciencia y la Tecnología (Fecyt). Madrid. 350 páginas.

veces aceptadas con más facilidad por el público que por los propios médicos. Lo que, en nuestra opinión, teme la ciudadanía, dando con ello pruebas de abundante sentido común, es que las técnicas del ADN recombinante funcionen mal, que los experimentos escapen al control de los experimentadores —incluso suponiendo buena intención en los mismos— y que, en definitiva, se haga realidad el mito del aprendiz de brujo.

Sin embargo, que estos temores tengan una buena base de sentido común no significa necesariamente que sean científicamente fundados. Una de las características de la sociedad tecnológica es que, para enjuiciar los problemas vigentes, no es suficiente un razonamiento correcto —ni sentido común, ni reflexión filosófica sistemática—, sino que hace falta un cierto grado de conocimientos técnicos. El *intelectual* no puede prescindir del *experto*. En el caso concreto de la ingeniería genética, se puede afirmar que los expertos han ido por delante en el terreno de la seguridad y de la prevención de accidentes, adoptando medidas que, de poder ser divulgadas a un público sin preparación científica, harían casi desaparecer toda preocupación al respecto. No hay progreso sin riesgo, pero nunca en la historia de la Humanidad los responsables del progreso han sido tan conscientes de la necesidad de evitar el riesgo. Podemos decir, sin temor a exagerar, que el miedo a la producción de un equivalente real al monstruo de Frankenstein es, sobre todo, un reflejo de la —no siempre disculpable— ignorancia científica de quienes expresan esas opiniones.

A pesar de lo anterior, cabe también pensar que los temores aludidos, aparte de la base de sentido común, pueden tener también un cierto origen en lo que el filósofo Daniel Innerarity ha denominado *construcción social del miedo*. Según Innerarity, «el tenor

Ruinas de Nagasaki, tras el lanzamiento de la bomba atómica por parte de Estados Unidos (Foto: Archivos Nacionales de EE UU).

de nuestras experiencias de la inseguridad tiene que ver con el hecho de que la exigencia de seguridad aumenta con el grado de seguridad alcanzado. Con el nivel de bienestar procurado por la ciencia crece también la sensibilidad frente a las consecuencias desagradables de la ciencia utilizada». El temor debe considerarse como la consecuencia de los éxitos de la ciencia, no de sus fracasos. A esto cabría añadir que el progreso científico viene acompañado por una pérdida de memoria que nos impide tener en cuenta las situaciones —accidentes, estado nutricional de la población, salud pública, en definitiva, bienestar— del pasado no tan remoto[22].

---

[22] Daniel Innerarity [2004]: *La sociedad invisible*. Espasa-Calpe. Madrid. 232 páginas.

Las actitudes anticientíficas son perniciosas

La cuestión es si ese estado de cosas debe preocuparnos o si, por el contrario, se trata de algo neutro y carente de relevancia. A nuestro juicio, se trata de algo preocupante, porque sus implicaciones no son en absoluto neutras. Y no lo son en un contexto como el que vivimos en la actualidad, en el que se está produciendo un cuestionamiento amplio y, en algunos casos, muy beligerante de la ciencia y de la tecnología, de sus fundamentos y, sobre todo, de sus productos. Si se otorga credibilidad a supersticiones y si se consideran válidas creencias carentes del más mínimo fundamento en ámbitos y materias propios de lo científico-tecnológico, a la vez, y en la misma medida, se resta credibilidad al conocimiento basado en la evidencia. Y eso es muy peligroso, porque se alimentan así la desconfianza y la incredulidad ante la ciencia, algo que puede traer consecuencias perjudiciales para el bienestar material e intelectual de nuestra sociedad.

Son tres las razones que avalan lo que acabamos de exponer. La primera se refiere al valor que otorgamos a la ciencia. Si ponemos al mismo nivel el conocimiento basado en la evidencia y el basado en el pensamiento mágico, estamos, de hecho, poniendo en tela de juicio el valor del conocimiento científico y, en consecuencia, carecemos de razones para valorar como corresponde los productos basados en la ciencia. Por lo tanto, cabría preguntarse de qué sirven la ciencia y la tecnología y, acto seguido, surgiría la pregunta de para qué invertir en ciencia y tecnología. Es evidente que, si se pone en duda todo ello, los incentivos que tendrán las autoridades públicas para promocionar la ciencia y la tecnología serán menores, con las consecuencias que de ello podrían derivarse.

Las inversiones en ciencia y tecnología no han sido nunca una prioridad para la ciudadanía. En encuestas en las que se pide a los entrevistados que indiquen cuáles serían sus prioridades a la hora de destinar los recursos públicos a unos fines u otros, la investigación científico-tecnológica ocupa posiciones muy retrasadas[23]. Por ello, si las actitudes de desconfianza ante la ciencia se generalizan, las prioridades de la ciudadanía a la hora de demandar a los poderes públicos una orientación u otra del gasto acabarán reflejando aun más esa desconfianza.

Pero, como hemos señalado antes, hay otras dos razones por las cuales son peligrosas las actitudes y comportamientos que, de forma explícita o implícita, suponen un cuestionamiento de la ciencia y la tecnología. Y esas dos razones, a las que nos referiremos en los siguientes apartados, tienen una importancia considerablemente mayor: una de ellas es la relativa al hecho de que el pensamiento anticientífico ocasiona perjuicios ciertos; la otra razón se refiere a las implicaciones que para las sociedades abiertas tienen las actitudes anticientíficas.

Los perjuicios del pensamiento anticientífico

Los perjuicios que puede causar el pensamiento anticientífico, entendido éste en su más amplia acepción, son de muy diversa

---

[23] Es cierto, no obstante, que en los resultados de este tipo de estudios incide de forma notable el modo en que se realizan las preguntas. Además, en las respuestas puede incurrirse en contradicciones que a primera vista no son evidentes. Así, una persona que coloca en vigesimoquinta posición en orden de prioridad las inversiones en I+D puede poner en primer lugar el gasto en sanidad, sin ser consciente del hecho de que las inversiones en investigación biosanitaria son las que mejorarán la salud de la ciudadanía en los años venideros.

naturaleza, dependiendo del ámbito en que quepa encuadrarlos. Nos referiremos brevemente a algunos de ellos, principalmente a los relacionados con las formas de pensamiento y comportamientos anticientíficos tratados hasta ahora.

Todas aquellas actuaciones que socaven el conocimiento basado en la evidencia tienen, a nuestro entender, efectos muy negativos desde el punto de vista educativo. Es de sobra conocido que el comportamiento de los individuos tiene efectos educativos. El padre fumador que instruye a sus hijos acerca de los males que entraña el tabaquismo resulta, seguramente, menos convincente que el no fumador. Y algo parecido cabe decir de quien atraviesa las calles cuando el semáforo sigue en rojo.

Opinamos que una buena formación en ciencias es esencial para que los jóvenes, tengan las inclinaciones y aptitudes que tengan, dispongan del adecuado bagaje intelectual para alcanzar una comprensión suficiente del mundo en el que viven, de la realidad física y natural en que se encuentran. No queremos decir con esto que esa formación sea más o menos necesaria que la que corresponde a otras disciplinas; esas comparaciones carecen, con frecuencia, de sentido y son irrelevantes a los efectos que interesan aquí. Además, estamos convencidos de que el tener un mejor conocimiento de algo ayuda a tenerlo mejor también en otros aspectos básicos. De hecho, las razones por las que consideramos importante la formación en ciencias son las mismas por las que creemos que es importante la formación en letras. Esto es, la importancia de la formación en ciencias no tiene nada que ver con la supuesta vertiente instrumental o utilitarista de la misma, sino con el hecho de que dicha formación es esencial para alcanzar una comprensión adecuada del mundo en que vivimos.

Pues bien, si se recurre a prácticas anticientíficas, o se hace gala de creencias opuestas al conocimiento basado en la evidencia, y se enuncian discursos contrarios a la ciencia, se está socavando la formación de los jóvenes testigos de dichos comportamientos. No se puede pretender que la juventud disponga de una buena formación si se da por bueno el creacionismo frente a la teoría de la evolución por selección natural, o si se otorga la misma consideración al método mágico y al método científico para predecir el tiempo.

Otros efectos negativos de las actitudes anticientíficas son de índole más tangible. Así, muchos pensamos que la oposición acrítica al uso de organismos modificados genéticamente es insolidaria y tiene efectos perniciosos en el desarrollo de pueblos potenciales beneficiarios de dicho uso. Se ha desarrollado una papaya transgénica apta para crecer en los suelos ácidos de Chiapas: ¿debe limitarse o suprimirse esa planta? El presidente de Zambia prefirió que siguiera habiendo hambre en su país a limitar a medio plazo las futuras exportaciones de cereales a la Unión Europea. ¿Es aceptable? Dados los problemas que causa la falta de beta-caroteno en los alimentos para la supervivencia y la salud de miles y miles de personas, ¿es razonable que se pongan obstáculos al uso de arroz modificado? Dadas las necesidades de alimentos de China, ¿sería lógico que se prescindiera de variedades de arroz resistentes a cinco plagas? A la hora de responder a esta pregunta valórese la actual coyuntura alimentaria mundial, caracterizada por un importante incremento de los precios de los alimentos, provocado en buena medida por la demanda china de cereal.

En otro orden de cosas, el recurso a las denominadas *medicinas alternativas* constituye un problema de salud pública. Afortunadamente existe el efecto placebo y, afortunadamente también,

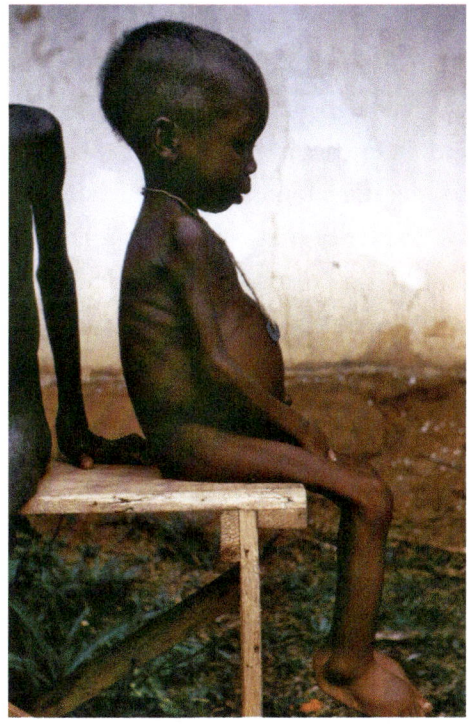

Niña hambrienta en Nigeria a finales de
los años 60 del siglo pasado (Foto: Lyle Conrad).

cuando se produce un importante deterioro de su salud, las personas afectadas suelen acudir a buscar remedio efectivo a la medicina
cuyos fundamentos y prácticas se basan en el conocimiento científico. Pero, incluso así, en la medida en que se dejan de atajar problemas de salud resolubles, bien diagnosticados y tratados a tiempo, se está produciendo un empeoramiento del estado de salud de
los individuos afectados.

La valoración anterior se refiere a las sociedades occidentales.
En otras sociedades los problemas derivados del recurso a la *medi-*

cina tradicional pueden llegar a ser verdaderamente dramáticos. En la República Sudafricana, por ejemplo, la actitud mantenida por el Gobierno, con su presidente Thabo Mbeki a la cabeza, rechazando que el sida se transmita por vía sexual y propugnando el uso de remedios autóctonos *no occidentales*, ha tenido efectos catastróficos. Sudáfrica es hoy uno de los países con mayor prevalencia del sida; tiene un problema gigantesco de salud pública. ¿Qué diría ante este hecho un relativista cultural?

Las actitudes anticientíficas tienen, por último, consecuencias negativas de índole económica. De hecho, todos los perjuicios que se han revisado en este apartado tienen implicaciones económicas. De lo más abstracto y general a lo más concreto, en todos los casos se producen ese tipo de efectos. Hoy nadie duda de que la educación es uno de los fundamentos más sólidos del crecimiento económico y del bienestar social e individual, y cada vez es mayor la importancia que se le atribuye. Por ello, si, tal como pensamos, la formación de la ciudadanía se ve afectada negativamente por el hecho de que se otorgue presencia social y credibilidad al pensamiento mágico, o por la proliferación de actitudes anticientíficas, eso acabará teniendo también repercusiones económicas negativas.

Las implicaciones económicas del resto de los elementos considerados son de índole más concreta. La salud pública, aparte de sus efectos directos sobre el bienestar de la ciudadanía, tiene efectos importantísimos sobre la economía de los países. Las poblaciones enfermas producen menos y requieren de mayor gasto sanitario. Y esto vale tanto para las consecuencias negativas que se derivan del uso de terapias con base mágica como para las ocasionadas por las limitaciones que, en ocasiones, se imponen al uso de la ingeniería genética para el desarrollo y la producción de alimentos con capacidad para prevenir o curar determinadas enfermedades.

Las moratorias o prohibiciones del uso de semillas de plantas cuyo genoma ha sido modificado para que presenten características nuevas y deseables desde el punto de vista de su potencial productivo pueden, por otra parte, constituir un problema económico real para los pueblos que dependen de la agricultura para su alimentación y para su desarrollo económico. No suponen un problema para la ciudadanía del Primer Mundo, porque las nuestras son sociedades ricas, en las que el sector primario no contribuye más allá de un 3% ó 4% a la riqueza nacional.

En definitiva, también en la esfera económica ocasionan perjuicios el pensamiento y las actitudes anticientíficas. Quizás haya quien piense que las consideraciones económicas no debieran ser tenidas en cuenta a la hora de tratar este tipo de cuestiones. Pero para nosotros es evidente que la valoración de las implicaciones económicas y la pertinencia de su posible consideración dependen mucho de si el análisis se realiza pensando en nuestras opulentas sociedades o en aquéllas que viven en la escasez y se hallan sometidas a continuas y durísimas privaciones.

III. **Ciencia y sociedad democrática**

Francis Bacon y el origen del pensamiento científico

No cabe atribuir un comienzo al conocimiento, pero quizás sí a la ciencia. La ciencia es una forma particular de conocimiento que se basa en un método y en unos principios. Los primeros grandes científicos, en el sentido moderno que hoy otorgamos al término, fueron personajes tales como Galileo Galilei (1564-1642), Johannes Kepler (1571-1630) y William Harvey (1578-1657). Eran extraordinarios observadores y además complementaron sus observaciones, cada uno en su campo, con la realización de determinaciones cuantitativas y experimentos.

Coetáneo de los anteriores fue Francis Bacon (1561-1626), personaje singular que, como los citados, vivió a caballo entre los siglos XVI y XVII. Bacon, sin embargo, no fue un científico, aunque sí un ser polifacético: era hombre de negocios, participó activamente en política, fue parlamentario y actuó como consejero de reyes. Tuvo una vida azarosa, pues se implicó muy activamente en las intrigas y disputas políticas de la época. Llegó incluso a ser encarcelado, acusado de corrupción, y evitó la mayor parte de su condena gracias al soborno. No era, desde luego, un dechado de ética, aunque no tuvo empacho alguno en hacer en sus *Ensayos* exhortaciones persuasivas a la honradez y a la prudencia.

En sus escritos filosóficos, Bacon propugnó la sustitución del método deductivo y la invocación del principio de autoridad, propios del pensamiento medieval, por la observación, el método inductivo y la experimentación. Por esta razón, se le considera padre del método científico y antecesor del empirismo, corriente de pensamiento que se desarrolló en Inglaterra casi cien años después y a la que nos referiremos más adelante. Su obra filosófica más elaborada, *Novum organum* (1620), tuvo una gran influencia. En ella acusó a la filosofía tradicional de un exceso de teoría y de una gran falta de observación, y propugnó la realización de observaciones precisas mediante las que elaborar hipótesis que posteriormente debían ser corroboradas o corregidas mediante la

Francis Bacon estableció las bases del método científico.

experimentación o nuevas observaciones. En ese trabajo, sostuvo que los seres humanos tenemos prejuicios y actitudes preconcebidas que denominó ídolos, y agrupó en cuatro categorías: los de la tribu, los de la caverna, los del mercado y los del teatro[24].

---

[24] Los ídolos de la tribu consisten en errores propios de la naturaleza humana y de su condición; los de la caverna son propios de cada individuo y están relacionados con su formación y personalidad; los del mercado son los prejuicios impuestos por las costumbres y sanciones sociales y por el mal uso del lenguaje; y los del teatro son errores basados en sistemas filosóficos tenidos por verdaderos, pero que no son más que ficciones montadas por el ser humano.

La última obra de Bacon, publicada de forma póstuma en 1627, fue *La nueva Atlántida*. Propugnó en ella la fundación de una academia científica, una *Casa de Salomón*, como él la denominó. Esa academia no debía ser una mera sociedad culta, sino una entidad de enseñanza e investigación, dotada de laboratorios, jardines, biblioteca, talleres y plantas de energía. Los miembros de la academia debían construir un nuevo sistema natural a partir de la experimentación y de la recopilación de información, y ese sistema debía servir para satisfacer las necesidades de la Humanidad. La propuesta de creación de la *Casa de Salomón*, aunque no tuvo gran influencia en el momento de su publicación, estuvo, sin embargo, detrás del proyecto que acabó dando lugar a la fundación de la Sociedad Real —la actual academia de ciencias del Reino Unido— 36 años después de la muerte de Bacon, hasta el punto de que la propia sociedad le atribuyó el papel de padre de la filosofía experimental.

El optimismo científico de la Ilustración

La importancia de Bacon para el desarrollo de la ciencia no se deriva de su papel como científico, ya que no era tal[25]. Tampoco es considerado como un filósofo de talla excepcional. Karl Popper opina de Bacon que «sus escritos son esquemáticos y pretenciosos, contradictorios, chatos e inmaduros»[26]. Es tan sólo una opinión, pero

---

[25] Aún así, Bacon sí tuvo inclinaciones experimentales. De hecho, parece ser que murió víctima de una afección respiratoria que contrajo o se le agravó al enfriarse por salir de su carruaje a recoger nieve con el objeto de comprobar la capacidad del hielo para conservar alimentos perecederos.

[26] Karl Popper [1994]: *El mito del marco común: en defensa de la ciencia y la racionalidad* [*The myth of the framework. In defense of science and rationality*]. Trad. de Aurelio Galmarini Marco. Ediciones Paidós Ibérica. Barcelona 1997. 224 páginas.

una opinión muy autorizada. Popper rechaza también la concepción que Bacon tenía de la ciencia, porque considera que no es posible prescindir de concepciones previas o teorías a la hora de abordar el hecho experimental y porque la pura observación no es suficiente por sí misma como fuente de conocimiento. De hecho, según Popper, la conocida teoría de la inducción de Bacon no guarda relación con ningún procedimiento real de la ciencia. Y lo cierto es que, por ejemplo, la mera observación no hubiera permitido a Nicolás Copérnico elaborar la teoría heliocéntrica del Universo. En palabras de Popper, «Bacon era enemigo acérrimo de la hipótesis copernicana. No teoricéis —decía—; abrid en cambio los ojos y observad sin prejuicio: entonces no podréis dudar de que el Sol se mueve y la Tierra está en reposo. Galileo, el gran científico y defensor del sistema del mundo de Copérnico, rindió homenaje a Aristarco y a Copérnico precisamente porque habían sido lo suficientemente audaces como para producir teorías especulativas que no sólo iban más allá de todo lo que creíamos saber por la observación, sino que incluso lo contradecían».

A pesar de todo lo anterior, muchos científicos e historiadores de la ciencia atribuyen a Bacon un papel fundamental en el nacimiento y desarrollo de la ciencia. El biólogo norteamericano Edward O. Wilson[27], por ejemplo, lo hace en *Consilience*, brillante ensayo en el que reivindica la unidad fundamental del conocimiento y defiende la necesidad de recuperar el espíritu de la Ilustración con ese propósito de unidad.

Según Popper, la importancia de Bacon para el desarrollo de la ciencia no se debe a sus contribuciones en el campo de la epis-

---

[27] Edward O. Wilson [1998]: *Consilience: the unity of knowledge*. Knopf. Nueva York. 332 páginas.

temología, sino a que fue el fundador y profeta de una nueva iglesia, la iglesia racionalista, fundada sobre la visión de una sociedad científica e industrial, basada en el dominio del ser humano sobre la Naturaleza. Es más, Bacon formuló explícitamente la idea de que el fin del conocimiento no es inocente, que el saber no está de adorno, porque nos sirve para obtener el poder: «*Knowledge is power, not mere argument or ornament*» (el saber es poder, no un mero argumento u ornamento)[28]. Esas creencias y el optimismo epistemológico que las acompañaba fueron la fuerza que animó a los filósofos y científicos de la Ilustración, y en concreto a los que fundaron las sociedades científicas que empezaron a surgir a partir del siglo XVIII.

La Ilustración nació de la revolución científica a comienzos del siglo XVII y alcanzó su máxima influencia en Europa a mediados del siglo XVIII. Los científicos y filósofos integrantes de este movimiento confiaban en el poder de la ciencia para revelar un orden fundamental en el Universo. Creían en la unidad del conocimiento, en los derechos humanos individuales, en la ley natural y en la posibilidad de un progreso humano indefinido. Isaiah Berlin lo consideró el mejor y más esperanzado período de la historia de la Humanidad porque «el poder intelectual, la honestidad, la lucidez, la valentía y el amor desinteresado por la verdad de los pensadores de más talento del siglo XVIII no han tenido parangón hasta nuestros días»[29].

---

[28] Ramón Núñez Centella [2007]: *Ésta es mi gente: inventos y anécdotas de 46 mentes prodigiosas*. Lepourquoipas Editores. La Coruña. 298 páginas.

[29] Introducción de Isaiah Berlin a Isaiah Berlin (Ed.) [1956]: *The age of Enlightenment: the eighteenth-century philosophers*. New American Library. Nueva York. 282 páginas. Referencia tomada de Dick Taverne, *op. cit.*

La doble aportación de Locke

John Locke (1632-1704), filósofo y político inglés, es considerado el máximo representante de la doctrina filosófica del empirismo. Locke era médico de formación, fue miembro de la Sociedad Real y mantuvo una fuerte amistad con el físico Robert Boyle (1627-1691) y el médico, y también físico, Thomas Sydenham (1624-1689). Su obra tuvo dos vertientes, una orientada a la filosofía del conocimiento y la otra al pensamiento político[30].

Uno de sus trabajos más importantes fue el *Ensayo sobre el entendimiento humano* (1690), obra inspirada en gran parte en el intercambio de ideas con los científicos de su entorno de amistades y con el resto de integrantes de la Sociedad Real, entre los que se encontraba Isaac Newton (1642-1727), con quien también tuvo una relación de amistad. En el *Ensayo* hizo especial hincapié en la importancia de la experiencia de los sentidos en la búsqueda y en el origen del conocimiento, en lugar de la especulación intuitiva o la deducción. Partió del principio de que todo conocimiento era adquirido y provenía de las sensaciones, de la experiencia, por lo que rechazaba la existencia de las ideas innatas. Según Daniel J. Boorstin, «Locke no buscaba un sistema de verdades, sino algo más modesto: una definición de los límites del conocimiento humano»[31].

Además de sus relaciones con el mundo científico de la época y de sus trabajos sobre epistemología, Locke destacó también

---

[30] Laura Silvani [2003]: *Historia de la filosofía*. Editorial Óptima. Barcelona. 368 páginas.
[31] Daniel J. Boorstin [1988]: *Los pensadores* [*The seekers. The story of man's continuing quest to understand this world*]. Trad. de Santiago Jordán Sempere. Editorial Crítica 2005. 344 páginas.

El filósofo británico John Locke,
máximo representante del empirismo.

por su contribución al pensamiento político. En esa faceta tuvo
una fuente de experiencia importante en su actividad política y en
el trabajo desarrollado dentro del Gobierno británico como secretario del Comercio de las Colonias. Hubo de exilarse a Holanda
durante algunos años, y la favorable impresión que le causó la sociedad holandesa, tolerante y abierta, tuvo una influencia decisiva
en su filosofía política. A este ámbito corresponde una buena parte
de su producción intelectual y muy en especial sus dos *Tratados so-*
bre el gobierno civil (1690).

A Locke se le considera el padre del liberalismo político moderno y, aunque sus ideas hoy no nos parezcan especialmente originales, en su tiempo fueron revolucionarias. Propuso que la soberanía emana del pueblo y que la propiedad privada es un derecho básico, anterior a la aparición de los Estados. En consonancia con ello, la misión principal del Estado debe ser proteger ese derecho, así como las libertades de las personas. Locke planteó, antes que Montesquieu, que el poder legislativo y el judicial debían estar separados, y que el rey debe estar sometido al imperio de la ley. También defendió la libertad religiosa y, por lo tanto, la separación de la Iglesia y el Estado. Sobre todas sus ideas planea la cautela y hostilidad ante los gobiernos absolutos y todo tipo de valores absolutos.

Hay un gran paralelismo entre las ideas de Locke sobre el conocimiento y sus propuestas sobre el gobierno. En ambos casos, la forma de abordar los problemas es la misma, puesto que su reflexión busca los límites, en un caso del entendimiento humano y en el otro del gobierno de la sociedad. Según Peter Watson, una de las razones por las que sus libros fueron tan influyentes fue que propusieron enmarcar la organización política en un sistema más amplio del entendimiento, y hacerlo de forma científica[32].

Conocimiento científico y sociedades democráticas

La Ilustración fue la época de la historia de la Humanidad en la que la ciencia y, en general, el conocimiento basado en la evidencia emergieron como verdadero motor del progreso intelec-

---

[32] Peter Watson [2005]: *Ideas: historia intelectual de la Humanidad* [*Ideas. A history from fire to Freud*]. Trad. de Luis Noriega Hederich. Editorial Crítica. Barcelona 2005. 1.424 paginas.

tual. Además, el Siglo de las Luces no fue solamente la época en que cabe propiamente ubicar el desarrollo de la ciencia tal como la entendemos hoy, también fue la época en que se establecieron los fundamentos de las modernas sociedades abiertas y democráticas.

El carácter simultáneo de esos dos fenómenos no fue, en absoluto, fruto de la casualidad. Es un mismo ambiente intelectual en el que nacen las nuevas ideas, una época, además, en la que no existe una distinción clara entre lo que hoy entendemos por científicos y por filósofos. Es una época de optimismo. Por un lado, los descubrimientos científicos parecen confirmar el programa propuesto por Bacon, mediante el que el ser humano podía dominar la Naturaleza a través de su conocimiento. La comprobación de que la predicción del retorno del cometa Halley se cumplía con precisión, por ejemplo, tuvo un impacto social enorme. La relevancia pública y los honores que se dispensaron a Newton fueron también consecuencia de ese entusiasmo por el progreso científico[33]. Por otro lado, ese optimismo fue alimentado también por factores económicos y sociales. El siglo XVIII fue una época en la que el comercio internacional dio lugar a un crecimiento económico importante en los países del norte de Europa, y muy especialmente en el Reino Unido y los Países Bajos. Lo contrario ocurrió en una España que permaneció, con pocas excepciones, ajena al movimiento científico.

Al margen de que democracia y ciencia compartan un mismo origen intelectual e ideológico, hay razones que avalan la idea

---

[33] El epitafio de Pope da cuenta de la admiración hacia su obra: «La Naturaleza y las leyes de la Naturaleza permanecían ocultas en la noche. Dios dijo: Sea Newton. Y la luz se hizo». (Referencia tomada de Javier Ordóñez, Víctor Navarro y José Manuel Sánchez Ron [2003]: *Historia de la ciencia*. Espasa-Calpe (Col. «Austral»). Madrid. 648 páginas.)

de que las sociedades abiertas y democráticas son sociedades en cuyo funcionamiento el conocimiento basado en la evidencia cumple una función esencial. Las hipótesis científicas empiezan siendo tentativas. Algunas de ellas son después tan fuertemente confirmadas por la evidencia que acaban siendo consideradas hechos establecidos. El método científico en sí mismo implica el examen crítico y la comprobación de cada nueva hipótesis, y, con el tiempo, unas hipótesis van reemplazando a otras. Si se compara este proceso con el funcionamiento de las sociedades democráticas, en las que tienen plena cabida la libertad de crítica y la tolerancia hacia puntos de vista distintos del propio, veremos que se dan las condiciones para que el propio sistema pueda evolucionar y mejorar como resultado de la evaluación sistemática y sus efectos, que propician la tolerancia y la libertad de crítica.

Para Popper, la razón por la que la democracia es esencial para que se den altos grados de bienestar tiene también que ver con la misma relación causal[34]. Así, según ese autor, las sociedades progresan gracias a la evaluación de diferentes propuestas y la posibilidad de cambio gracias a la crítica. Todas las políticas —decisiones administrativas y ejecutivas de los gobiernos— conllevan predicciones empíricas acerca de lo que ocurrirá, algo que en ocasiones se demuestra erróneo; en esos casos, hay que modificar esas decisiones. Así pues, una política es una hipótesis que debe ser testada frente a la realidad y corregida a la luz de la experiencia, de manera que sólo gracias al examen crítico de los resultados pueden

---

[34] Karl Popper [1974]: *Búsqueda sin término. Una autobiografía intelectual* [Unended quest. An intellectual autobiography]. Trad. de Carmen García Trevijano. Editorial Tecnos. Madrid 1977. 288 páginas.

identificarse los errores y ser corregidos. Las instituciones autoritarias, al negar la posibilidad de la crítica, tanto antes como después de que se adoptan las políticas, hacen que se prolonguen durante más tiempo los efectos perniciosos de las políticas erróneas. El modo de funcionamiento de las sociedades autoritarias es antirracional, porque la aproximación científica y racional a la resolución de los problemas requiere de sociedades abiertas, que son las que permiten un examen crítico de las políticas y su posible modificación. La filosofía de Popper es una filosofía de la fecundidad del error. De lo que se trata, según él, no es de evitar los errores, sino de detectarlos, de criticarlos y de aprender de ellos. Este principio es aplicable tanto a la organización política como a la ciencia, puesto que en ambos casos debemos tener derecho a equivocarnos, siempre que también lo tengamos a criticar las equivocaciones. Ese doble juego del error y de su crítica es el origen de toda creatividad y progreso[35].

En el pasado, ha habido notables ejemplos de la incompatibilidad entre los regímenes autoritarios y el normal desarrollo del conocimiento científico. Es muy posible que la famosa pragmática de Felipe II, que prohibió la entrada en España de libros editados en el extranjero y la salida de los españoles a estudiar en otros países, esté entre las causas principales del retraso científico español.

Sin remontarnos tan atrás, el ejemplo del caso Lysenko en la Unión Soviética resulta paradigmático[36]. Trofim D. Lysenko, agró-

---

[35] Jesús Mosterín, *op. cit.*
[36] Alexander Kohn [1986]: *Falsos profetas. Fraudes y errores en la ciencia* [*Fraud and error in science and medicine*]. Ediciones Pirámide (Col. «Ciencia Hoy»). Madrid 1988. 278 páginas.

nomo soviético sin conocimientos de genética, llegó a condicionar de forma absoluta el desarrollo de la agricultura soviética entre 1929 y 1965, debido a que sus teorías de origen lamarckiano resultaron ser compatibles con el ideario comunista de que la naturaleza de los seres vivos —incluidos los seres humanos— es esencialmente maleable mediante diferentes procedimientos. Gracias al poder que tuvo y a la influencia que ejerció, no sólo se produjo una situación en la que se obtuvieron pésimos resultados agrícolas, sino que además la genética, como disciplina científica digna de tal nombre, dejó prácticamente de existir en la URSS durante más de treinta años. Algunos científicos pagaron su honradez intelectual con la vida.

Sin las consecuencias dramáticas de lo descrito en el caso Lysenko, pero con indudables consecuencias cómicas, uno de los autores de este trabajo (J.I.P.) tuvo ocasión en su juventud de ser aleccionado por un militante comunista prosoviético para que no diera pábulo a las leyes de la termodinámica. Según él, eran un producto genuino del capitalismo estadounidense, ya que habían sido enunciadas para justificar ideológicamente la industria de los frigoríficos y, lo que era aún más grave, para conducir a las masas oprimidas al desánimo y la inacción mediante la predicción, por lejana que resultase, de la muerte térmica del Universo. Desconocemos, no obstante, cuál era por entonces la doctrina oficial soviética.

La Alemania nazi tampoco estuvo exenta de episodios en los que se produjo una radical contradicción entre el conocimiento basado en la evidencia y la práctica política y social. De consecuencias trágicas por su carácter y la dimensión del holocausto que provocó fue la doctrina racial del Tercer Reich, doctrina sin base científica alguna.

Para concluir este apartado, deseamos remarcar la idea de que los fundamentos del conocimiento científico y los principios ideológicos sobre los que se sustentan las sociedades abiertas son básicamente los mismos. Ambos tienen como base la duda, la libertad, la tolerancia y el optimismo, y sus principales enemigos son los prejuicios, la intolerancia, el dogmatismo y el pesimismo.

Ética, derecho, educación, información

La situación actual se caracteriza por una comunidad científica muy consciente, en su conjunto, de la trascendencia de su trabajo y de los riesgos de todo tipo de sus investigaciones, y por una sociedad que, en gran parte, recela de las actividades de sus científicos. Los ciudadanos proponen, en consecuencia, moratorias, limitaciones y cortapisas de diversos tipos a la investigación, mientras que los científicos aseguran que son ellos mismos quienes deben autocontrolarse, puesto que son quienes realmente conocen el alcance de sus experimentos y sus peligros. Los primeros invocan los desastres, accidentales o intencionados, derivados de la energía nuclear; los segundos recuerdan que han transcurrido ya casi cuatro décadas de investigación en ADN recombinante sin que se haya producido la menor alarma real.

Para dirimir esta cuestión, hemos de basarnos en dos principios fundamentales. Uno, ya mencionado, es la necesidad de conocimientos específicos para resolver problemas relacionados con la técnica. No quiere esto decir que los jueces y legisladores hayan de convertirse en científicos y tecnólogos, ni mucho menos se propone, al modo de Platón, que los científicos sean los gobernantes. Lo que este principio significa es que los aspectos técnicos no son adventicios o accidentales en los problemas que aquí nos ocupan, que estos problemas no son un caso particular de otros generales, contemplados ya clásicamente en la filosofía o en el derecho. Las nuevas tecnologías generan problemas esencial y radicalmente nuevos, problemas genuinos que requieren, para la mera comprensión de su enunciado —y no digamos para su solución—, un cierto grado de conocimientos científicos o tecnológicos. Estos conocimientos serán, con certeza, de un grado muy inferior a los del experto, y no del mismo nivel para todos los implicados —jueces, legisladores, gobernantes y público en general—, pero, en una u otra medida, serán imprescindibles para todos cuantos tengan algo que decir al respecto de las implicaciones éticas, jurídicas y sociales del desarrollo de disciplinas como la biología molecular.

El segundo principio, y no menos importante, es que la investigación científica en su conjunto debe estar sometida al control social. El distanciamiento, voluntario o no, de los investigadores, lo inextricable de su lenguaje y la propia *deificación* de la ciencia, servida por inviolables *científicos-sacerdotes* —una característica ésta de la sociedad *laica* de nuestros días—, llega a hacernos olvidar que la investigación científico-tecnológica actual está en su práctica totalidad mantenida con fondos públicos, que los científicos son en su mayoría funcionarios y que, por tanto, corresponde a los ciudadanos y a sus representantes el control del uso de los fondos que mantienen la investigación y, en definitiva, el control social de dicha investigación. También este principio puede ser pervertido cuando los poderes públicos intentan un control técnico de la investigación, coartando así la libertad creadora que es esencial al proceso científico. Por eso insistimos aquí en la naturaleza del control social: delimitar áreas preferentes, sin excluir ninguna; asignar presupuestos a programas, pero no a proyectos específicos; y, más en relación con el tema que nos ocupa, crear grupos mixtos de políticos y expertos que, actuando por delegación de los gobiernos y parlamentos, puedan proponer medidas específicas para la financiación de proyectos y evaluación de resultados en áreas consideradas potencialmente peligrosas. Una vez bien delimitadas estas medidas, su aplicación a las investigaciones concretas quedaría, necesariamente, en manos de evaluadores estrictamente científicos.

La aplicación de estos dos principios, que se podrían enunciar conjuntamente como *control social informado*, encuentra en la situación presente una dificultad principal, a saber, la falta de conocimientos científicos, incluso a nivel elemental, de vastas capas de la población, incluyendo la educada. Es lo que se ha llamado analfabetismo científico. Así pues, para que los grupos dirigentes, y la sociedad en general, puedan opinar responsablemente sobre los riesgos y ventajas de ciertos desarrollos científico-tecnológicos, es preciso un aumento sustancial del nivel de educación científica de nuestras gentes. En contra de la visión tradicional, particularmente en Europa, que considera *inculto* a quien lo ignora todo de los Reyes Católicos, pero no a quien no sabe nada de los rayos catódicos, y sin renunciar a la educación humanística, es preciso un esfuerzo suplementario para transmitir desde la escuela los datos más elementales de la ciencia contemporánea. Así, la tecnología del ADN recombinante, que despertó primero inquietudes éticas y ha suscitado más tarde la necesidad de una legislación positiva, viene ahora a remover las conciencias de los educadores y a promover la necesidad de cambios en la programación educativa.

Pero, ciertamente, el principio de la necesidad de conocimientos técnicos actúa también a más corto plazo sobre personas que hace tiempo abandonaron la escuela y ocupan hoy puestos relevantes en la gobernación de la sociedad o en la administración de la justicia. Estas personas no pueden actuar sin la información técnica oportuna. Si son profesionales del derecho, de la educación o de la información que desean dedicar una atención especial a los problemas relacionados con la investigación científica, no les va a bastar con conocer las notas de divulgación que ocasionalmente aparecen en periódicos y revistas, ni con consultar los manuales escolares al uso: tendrán que estar al tanto, de primera mano, de las publicaciones especializadas —si no de los artículos de investigación, sí al menos de las revisiones— y no podrán contar con traducciones, normalmente inexistentes, sino que tendrán que manejar la lengua (inglesa) original. Por su parte, al juez, al gobernante o al legislador que sólo ocasionalmente tenga que tomar decisiones sobre estos problemas, el principio de la necesidad de conocimientos técnicos le obliga a subordinar gran parte de su capacidad de decisión al consejo de un experto, con un carácter cuasivinculante que aleja este consejo de la peritación tradicional, tan imbricada está la tecnología en la naturaleza misma de estos problemas jurídicos.

Los dos principios repetidamente mencionados nos han llevado a enunciar la necesidad de cambios importantes en la educación del público en general. Pero, con su dificultad, serían inútiles si no hubiera un flujo de información adecuado entre los científicos y el resto de los ciudadanos. Algunos profesionales del derecho podrán, o más bien deberán, conocer directamente las publicaciones científicas, pero la inmensa mayoría de los ciudadanos dependerá de los profesionales de la información para alimentar su cultura científica. Esto va a requerir la formación de periodistas especializados, lo que, afortunadamente, se está produciendo ya, con más o menos timidez. Igualmente va a ser precisa la formación científica, a nivel divulgativo, de capas cada vez más amplias de la sociedad. También esto, como lo prueba este libro, se está produciendo.

IV. **Conclusión**

Vivimos una época llena de contradicciones. Como hemos señalado al comienzo, la nuestra es una sociedad extraordinariamente dependiente del desarrollo científico y tecnológico. Y, sin embargo, existe una fuerte tendencia a poner en cuestión, explícita o implícitamente, mediante discursos y mediante actitudes, las bondades de ese desarrollo. En este sentido, podríamos hablar de una suerte de pesimismo científico o *tecnopesimismo*. De alguna forma, quizás nos encontremos asistiendo al proceso opuesto al que se produjo durante la Ilustración. Aquélla, como ya se ha dicho, fue una época de optimismo; ésta, por el contrario, da claras muestras de pesimismo.

No es propósito de esta contribución analizar en detalle a qué puede deberse ese pesimismo, esa desconfianza hacia la ciencia y sus productos. La bomba atómica mostró bien a las claras hasta dónde nos podía conducir el rostro más negativo del desarrollo científico y tecnológico. Más recientemente, la preocupación por el medio ambiente y la sensación generalizada —aunque a nuestro juicio no del todo justificada— de haber llegado a una situación de deterioro ambiental sin parangón en el pasado, también ha aportado dosis de pesimismo. No en vano, se atribuyen al desarrollo industrial impulsado por el avance tecnológico la mayor parte de los males, reales o figurados, que aquejan al medio ambiente. Los escándalos agrosanitarios de diferente índole que se han producido en los últimos años han podido aportar también su granito de arena a ese pesimismo. Y eso a pesar de que es evidente que en Occidente nunca habíamos sido alimentados con mayores garantías sanitarias que en la actualidad. Sean cuales fueren las razones subyacentes a ese pesimismo, lo cierto es que parece evidente que tal sentimiento existe y que va adquiriendo magnitud creciente entre la población de los países occidentales.

Este estado de cosas entraña, en nuestra opinión, importantes riesgos. Hemos aludido ya a los perjuicios que causan las actitudes anticientíficas, perjuicios de índole diversa, pero muy reales. Pero, además de esos perjuicios, existe un riesgo que puede tener una importancia aún mayor. Las actitudes y discursos anticientíficos, sean explícitos o implícitos, ponen de hecho en tela de juicio los mismos principios de la ciencia. Y, por lo tanto, si aceptamos, tal como aquí se propone, que las bases de una sociedad abierta y democrática y los fundamentos de la ciencia y del conocimiento basado en la evidencia son los mismos, entonces se darán las condiciones para que tanto la sociedad abierta como el progreso científico se tambaleen. Al fin y al cabo, si la evidencia no es el principal criterio en la búsqueda de la verdad, ¿por qué debemos aceptar que todos los seres humanos somos iguales y debemos tener los mismos derechos?

Debemos, por eso, ser muy rigurosos en la defensa del valor y los principios de la ciencia, ya que las posturas contra la ciencia y el conocimiento basado en la evidencia son cada vez más fuertes en nuestras sociedades, y los distintos dogmatismos y fundamentalismos ganan en intensidad. Si se cuestionan la ciencia y sus principios, y se pone en duda el valor de sus productos y el de la tecnología, son los cimientos de nuestra sociedad los que se ponen en cuestión. No debemos engañarnos a este respecto. Si esto pasa, estará en juego nuestro bienestar futuro, tanto en sus aspectos materiales como en su vertiente política e intelectual. No debemos pensar que es imposible que ocurra. En ninguna parte está escrito que las sociedades tengan necesariamente que avanzar siempre, o que el desarrollo de la ciencia y del conocimiento no tenga vuelta atrás. A fin de cuentas, algo similar les ha sucedido a algunas sociedades a lo largo de la historia; la nuestra no sería, por lo tanto, la primera.

Como hemos dicho, dos son las herramientas para hacer frente a las tendencias anticientíficas que hemos comentado: la educación y la información. Si la medimos por el tiempo y los recursos que se dedican a sus contenidos, el sistema educativo da poca importancia a la ciencia. Por ello, pensamos que se debería hacer un mayor esfuerzo en los niveles de educación obligatoria. Si no, la ciudadanía siempre tendrá un nivel de conocimiento de las ciencias muy inferior al de las letras, con todo lo que ello supone. En ocasiones se atribuye a la enseñanza de las ciencias un carácter meramente instrumental. Se piensa que sólo se justifica porque así se formarán mejor científicos y tecnólogos. Ese enfoque es erróneo y debiera ser corregido. Un adecuado conocimiento de las ciencias es esencial para alcanzar una mejor comprensión del mundo, para saber más, sin más aditamentos; no se necesitan justificaciones utilitaristas. Si acaso, cabe apuntar que, cuanto mayor sea el conocimiento científico de la ciudadanía, mejor podrá calibrar y valorar los productos de la ciencia y de la tecnología y, llegado el caso, con mejor criterio podrá pronunciarse al respecto. Dada la gran dependencia que presenta nuestra sociedad para con el desarrollo científico, es esencial que la ciudadanía tenga el debido criterio. Porque, sin él, la sociedad abierta, en el sentido definido por Popper y presentado al comienzo, no será posible, ya que no se darán las condiciones precisas para que podamos tomar las decisiones por nuestra propia cuenta.

Junto a la educación, la información y la divulgación científica son los otros remedios para curar la enfermedad que hemos mencionado. En ausencia de un conocimiento científico suficiente al salir del sistema educativo, es de importancia capital que la información y la divulgación compensen los déficits formativos en el ámbito científico. Ello proporcionará a la ciudadanía elementos de enriquecimiento cultural muy importantes, pero, además, la divulgación social de la ciencia y la tecnología ejercerá otra función fundamental, la de reafirmar los fundamentos de nuestra sociedad, de su carácter abierto, libre y democrático. O, expresado con menos palabras: el conocimiento —y en este caso el conocimiento científico— nos hace más libres.

Para saber más

Robert L. Park [2000]: *Ciencia o vudú. De la ingenuidad al fraude científico* [*Voodoo science. The road from foolishness to fraud*]. Trad. de Francisco Ramos. Ediciones Grijalbo. Barcelona 2001. 326 páginas.

*Jon Sáenz, Agustín Sánchez Lavega, Mauricio-José Schwarz,
Félix Goñi, Juan Ignacio Pérez y Eduardo Angulo.
Luis Alfonso Gámez sostiene la bruja (Foto: Ignacio Pérez).*

Los autores

Eduardo Angulo Pinedo (Bilbao, 1952) es doctor en Ciencias Biológicas y profesor titular de Biología Celular en la Facultad de Ciencia y Tecnología de la Universidad del País Vasco / Euskal Herriko Unibertsitatea (UPV/EHU). Desde 2000, es director del Colegio Mayor Miguel de Unamuno. Especialista en morfología de moluscos y en la relación entre células y medio ambiente, es autor de numerosos artículos de investigación en revistas nacionales e internacionales. Ha impartido cursos sobre Ciencia Ficción y Biología en Programas de Doctorado y, en la actualidad, dirige un curso sobre Percepción Social de la Contaminación en el Máster sobre Contaminación y Toxicología Ambientales que oferta la UPV/EHU. Autor de los libros *Julio Verne y la cocina: la vuelta al mundo en 80 recetas* (2005) y *Monstruos. Una visión científica de la criptozoología* (2007), es miembro del Círculo Escéptico.

Félix M. Goñi (San Sebastián, 1951) es doctor en Medicina por la Universidad de Navarra. Realizó estudios postdoctorales en la Universidad de Londres y es catedrático de Bioquímica en la UPV/EHU. Director de Política Científica del Gobierno vasco entre 1995 y 1999, ha sido profesor visitante en la Universidad de Victoria (Canadá). Desde 2000 dirige la Unidad de Biofísica, un centro mixto del Consejo Superior de Investigaciones Científicas (CSIC) y la UPV/EHU. Su trabajo se centra en la estructura y función de las membranas celulares. Preside el comité de publicaciones de la Federación Europea de Sociedades de Bioquímica. Premio Euskadi de Investigación 2002, es socio de número de la Real Sociedad Bascongada de los Amigos del País, profesor honorario de la Universidad Nacional de Córdoba (Argentina) y académico de número de Jakiunde, Academia de las Ciencias, las Artes y las Letras.

Juan Ignacio PÉREZ IGLESIAS (Salamanca, 1960) es doctor en Ciencias Biológicas y catedrático de Fisiología, disciplina que imparte desde 1985 en la Facultad de Ciencia y Tecnología de la UPV/EHU. Su trabajo, desarrollado en esta universidad y en diversos centros de investigación europeos, se ha orientado al estudio de la fisiología de animales marinos y ha publicado numerosos artículos sobre esa materia en revistas científicas de ámbito internacional. Coautor de varios libros sobre temas universitarios, ha sido integrante del Consejo Asesor del Euskera (2000-2002), miembro del Consejo de Administración de EITB desde 1999 y también ha colaborado en diversos medios de comunicación. En el ámbito de la gestión universitaria, ha ocupado diferentes cargos y en 2002 fue nombrado por el Senado miembro del Consejo de Coordinación Universitaria. En 2004 fue elegido rector de la UPV/EHU.

Jon SÁENZ (Bilbao, 1963) es doctor en Física y profesor titular de Física y Meteorología en el Departamento de Física Aplicada en la Facultad de Ciencia y Tecnología de la UPV/EHU. Ha realizado estancias de investigación en el Departamento de Ciencias Atmosféricas de la Universidad de California en Los Ángeles (UCLA) y en el centro GKSS de Geesthacht, Alemania. Es autor de más de veinte artículos en revistas y libros nacionales e internacionales sobre variabilidad climática, evaluación de sistemas probabilísticos de predicción estacional, desarrollo de *software* para el análisis de datos climáticos y uso de modelos numéricos para el estudio del clima a escala regional. Es investigador principal en proyectos del Plan Nacional de I+D+i desde 2002, y escribe artículos y da charlas de divulgación sobre meteorología y climatología.

Agustín SÁNCHEZ LAVEGA (Bilbao, 1954) es doctor en Ciencias Físicas y catedrático de Física Aplicada de la Escuela Superior de Ingenieros de Bilbao de la UPV/EHU, donde dirige un equipo de investigación planetaria. Entre 1980 y 1987, trabajó en el Centro Astronómico Hispano Alemán-Max Planck Institut fur Astronomie (Observatorio de Calar Alto) en Almería, colaborando desde aquellos años con el Observatorio de París-Meudon (Francia). Ha sido miembro del Consejo Asesor para la Exploración del Sistema Solar de la Agencia Espacial Europea (ESA) y es coinvestigador de la misión espacial *Venus Express*. Es autor de más 125 artículos de investigación en revistas especializadas, además de capítulos de libros. Destacan entre sus trabajos de investigación los nueve publicados en las prestigiosas revistas *Nature*, cuya portada ha protagonizado tres veces, y *Science*.

Mauricio-José SCHWARZ HUERTA (México, 1955) es periodista y creador hispanomexicano, autor de libros de periodismo, literatura y fotografía. Es autor de las novelas *Sin partitura* (1991), *La música* *de los perros* (1996) y *No consta en archivos* (1999). Fue Premio Nacional de Periodismo del Club de Periodistas de México en 1997 y cofundador de la Sociedad Mexicana para la Investigación Escéptica (Somie). Desde hace tres décadas, dedica parte de su tiempo a aplicar el pensamiento crítico a las afirmaciones de lo paranormal y a derribar mitos, algo que actualmente practica a través de la bitácora *El retorno de los charlatanes* (http://charlatanes.blogspot.com) y como miembro del Círculo Escéptico. Desde 2006, firma una página semanal sobre ciencia en el suplemento cultural *Territorios* del diario *El Correo*.

Luis Alfonso GÁMEZ (Bilbao, 1962) es periodista del diario *El Correo*, donde cubre la información de ciencia desde 2001. Licenciado en Historia y máster en Periodismo, es profesor de Técnicas de Producción Informativa en el Máster de Periodismo de *El Correo* y la UPV/EHU. Fundador del Círculo Escéptico, es consultor del Comité para la Investigación Escéptica y de la revista hispanoamericana *Pensar*. Es el representante en España del Center for Inquiry (CfI), organización internacional que promucvc la razón, la ciencia y la libertad de investigación en todas las áreas de la actividad humana. Ponente en congresos internacionales, mantiene desde junio de 2003 una bitácora dedicada al análisis crítico de los presuntos misterios: *Magonia* (http://blogs.elcorreodigital. com/magonia).